世界技能大赛成果转化系列丛书
"十四五"职业教育部委级规划教材

网络设备管理操作指南

肖 威 主 编
黄道金 李群嘉 副主编

中国纺织出版社有限公司

内 容 提 要

本书以世界技能大赛网络系统管理项目网络设备模块为背景，通过项目化形式讲解中小型局域网的构建过程。全书主要分为网络基础理论知识和中小型局域网构建两个部分，通过项目化的案例实践掌握相关技能的应用场景，并讲解该技能的部署过程，内容涵盖交换机、路由器、防火墙等网络设备的安装与配置，包括软件服务、硬件升级、通信设计及灾难恢复等。

本书不仅适合参加技能大赛的学生、教师，也适合广大网络管理员参考和学习。

图书在版编目（CIP）数据

网络设备管理操作指南 / 肖威主编；黄道金，李群嘉副主编 . -- 北京：中国纺织出版社有限公司，2022.11

（世界技能大赛成果转化系列丛书）

"十四五"职业教育部委级规划教材

ISBN 978-7-5180-9989-4

Ⅰ.①网… Ⅱ.①肖… ②黄… ③李… Ⅲ.①网络设备—设备管理—职业教育—教材 Ⅳ.① TP393.05

中国版本图书馆 CIP 数据核字（2022）第 202079 号

Wangluo Shebei Guanli Caozuo Zhinan

责任编辑：李春奕　张艺伟　　责任校对：高　涵
责任印制：王艳丽

中国纺织出版社有限公司出版发行
地址：北京市朝阳区百子湾东里 A407 号楼　邮政编码：100124
销售电话：010—67004422　传真：010—87155801
http://www.c-textilep.com
中国纺织出版社天猫旗舰店
官方微博 http://weibo.com/2119887771
北京通天印刷有限责任公司印刷　各地新华书店经销
2022 年 11 月第 1 版第 1 次印刷
开本：787×1092　1/16　印张：12
字数：200 千字　定价：69.80 元

凡购本书，如有缺页、倒页、脱页，由本社图书营销中心调换

PREFACE

网络系统管理人员旨在为大中小型商业组织及政府部门提供广泛的 IT 服务，有效保证系统的连续和稳定运行。网络系统管理人员需在多种背景下，如网络操作中心、互联网服务供应商、数据中心等，提供广泛的服务，包括技术支持、建议指导，对各类型网络项目进行分析、设计、连接、配置、调试、升级，对服务器和客户端进行相应配置并能实现各类服务的互联互通及保障网络安全。依据世界技能大赛网络系统管理项目需求，网络设备环境模块需要管理人员构建复杂的网络及服务，完成各类网络设备的配置与管理。根据行业认证要求、用户需求及设计需求，需要管理人员在交换机、路由器、防火墙等网络设备上进行各种类型的服务配置，包括软件服务、硬件升级、通信设计及灾难恢复等。

2021 年 12 月 27 日，中央网络安全和信息化委员会印发《"十四五"国家信息化规划》，"建设泛在智联的数字基础设施体系"成为规划十大重要任务之首。网络系统运维管理是数字基础设施建设的基石，在数字化转型过程中扮演着重要角色。网络系统管理人员的主要岗位有系统集成工程师、网络分析师、网络管理员、网络技术员、网络解决方案架构师等。本书旨在以世界技能大赛为契机，促进青年技能人才的培养，弘扬精益求精的工匠精神，激励广大青年走技能成才、技能报国之路。本书借鉴世界技能大赛网络系统管理项目的先进理念、技术标准和评价体系，把网络设备运维管理模块内容拆分成两个部分，由浅到深进行理论知识与案例实践的讲解。

编者

2022 年 9 月 5 日

目录 CONTENTS

第一部分　基础理论知识

第二部分　中小型局域网构建

1

基础理论知识

在计算机行业工作的人们，最大的感触就是这个行业里总是会出现很多新的东西，如各种技术、框架等，变化无处不在。在一些论坛或者社区里面总是有人在问"如何学习一门新技术""怎样才能跟上技术的潮流"。因此，打牢基础理论知识十分有必要——应对行业的不断变化，以不变应万变；万丈高楼平地起，勿在浮沙筑高台。

计算机系统通信模型

1.1 任务引言

　　人与人之间沟通交流，需要依靠相同的语言，计算机之间也是如此。互联网发展之初，网络通信也不是任何两台主机之间，通过网络传输介质相连，就能够进行通信的。在早期网络发展中，网络设备之间的通信是由生产这些网络设备的厂商决定的。每个厂商自己规定怎么封装数据，怎么传输数据。为了适应发展，在国际化标准组织（ISO）和厂商共同的协商下，由ISO标准化组织推出了OSI参考模型。

1.2 任务目标

　　（1）能够理解OSI模型的分层结构。

　　（2）能够理解OSI模型中各层的工作职责。

　　（3）能够理解TCP/IP模型的作用。

　　（4）通过对比OSI模型和TCP/IP模型，能够掌握网络设备之间的通行原理。

1.3　理论知识

1.3.1　开放系统互连(OSI)模型

开放系统互连（OSI）模型描述了计算机系统用于通过网络进行通信的过程，OSI模型是第一个网络通信标准模型，在20世纪80年代初期，所有主要计算机和电信公司所采用的Internet不是基于OSI模型，而是基于更简单的TCP/IP模型。然而，OSI七层模型仍然被广泛使用，因为它有助于网络可视化和传达网络如何运行，并有助于隔离和排除网络问题。OSI模型于1983年由主要计算机和电信公司的代表提出，并于1984年被ISO标准化组织采用作为国际标准。

根据OSI模型的分层结构，自下而上分别是物理层、数据链路层、网络层、传输层、会话层、表示层、应用层，如图1-1所示。

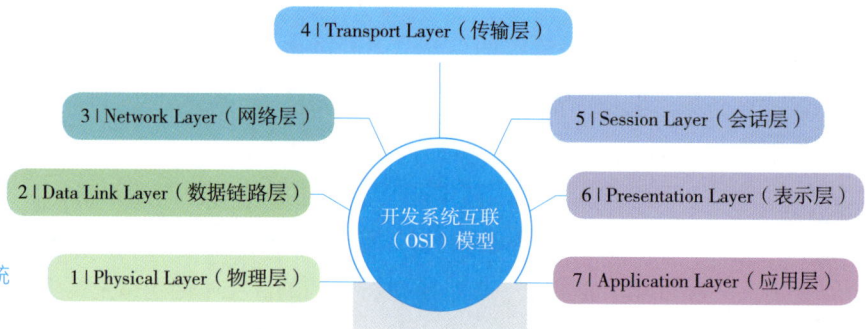

图1-1　开放系统互连（OSI）模型

（1）物理层：负责网络节点之间的物理电缆或无线连接，定义了连接器、连接设备的电缆或无线技术，负责传输原始数据，也就是计算机语言中常说的0和1，同时负责比特率控制。

（2）数据链路层：建立和终止网络上两个物理连接的节点之间的连接。将数据包分解成帧并将它们从源发送到目的地。该层由两部分组成，分别是逻辑链路控制（LLC），用于识别网络协议、执行错误检查和同步帧，以及媒体访问控制（MAC），使用MAC地址连接设备并定义传输和接收数据的权限。

（3）网络层：有两种主要功能。一种是将"段"分解成网络数据包，并在接收端重新组装数据包；另一种是通过发现跨物理网络的最佳路径来路由数据包。网络层使用网络地址（通常是Internet协议地址）将数据包路由到目标节点。

（4）传输层：接收在会话层传输的数据，并在发送端将其分解为"段"。负责在接收端重新组装分段，将其转回会话层可以使用的数据。传输层执行流量控制，与接收设备的连接速度相匹配的速率发送数据，以及错误控制，检查数据是否被错误接收，如果没有，则再次请求。

（5）会话层：在设备之间创建称为"会话"的通信通道，负责打开会话，确保数据传输时保持打开功能，并在通信结束时关闭会话。会话层还可以在数据传输期间设置检查点，如果会话中断，设备可以从最后一个检查点恢复数据传输。

（6）表示层：为应用层准备数据，定义了两个设备应如何编码、加密和压缩数据，以便在另一端正确接收数据。表示层获取应用层传输的任何数据，并为通过会话层传输做好准备。

（7）应用层：由最终用户软件使用，例如 Web 浏览器和电子邮件客户端，用于提供的协议允许软件发送和接收信息，并向用户呈现有意义的数据。应用层协议的一些示例如超文本传输协议（HTTP）、文件传输协议（FTP）、邮局协议（POP）、简单邮件传输协议（SMTP）和域名系统（DNS）。

1.3.2　TCP/IP 模型

TCP/IP 模型是 Internet 上数据通信的默认方法。TCP/IP 模型将消息分成数据包，以避免在传输过程中遇到问题时必须重新发送整个消息，数据包到达目的地后会自动重组。每个数据包都可以在源计算机和目标计算机之间采用不同的路由，具体取决于使用的原始路由是否变得拥塞或不可用。TCP/IP 模型将通信任务划分为保持流程标准化的层，无须硬件和软件提供商，可以自己管理。数据包在被目标设备接收之前必须经过四层模型，然后 TCP/IP 模型以相反的顺序通过这些层将消息恢复为原始格式。

1.3.3 OSI模型与TCP/IP模型的对比

TCP/IP模型是一种功能模型，旨在解决特定的通信问题，它基于特定的标准协议。OSI模型是一种通用的、独立于协议的模型，旨在描述所有形式的网络通信。在TCP/IP模型中，大多数应用程序使用所有层，而在OSI模型中，简单应用程序不使用所有层，只有第一、二和三层是必需的，在此基础上才能启用任何数据通信。

TCP/IP模型和OSI模型之间的一个主要区别是TCP/IP模型更简单，将几个OSI层合并为一层。OSI模型的第五、六、七层在TCP/IP模型中合并为一个应用层，OSI模型的第一、二层在TCP/IP模型中合并为一个网络访问层，但是TCP/IP模型不负责排序和确认功能，将这些留给传输层。OSI模型与TCP/IP模型的分层结构对比图如图1-2所示。

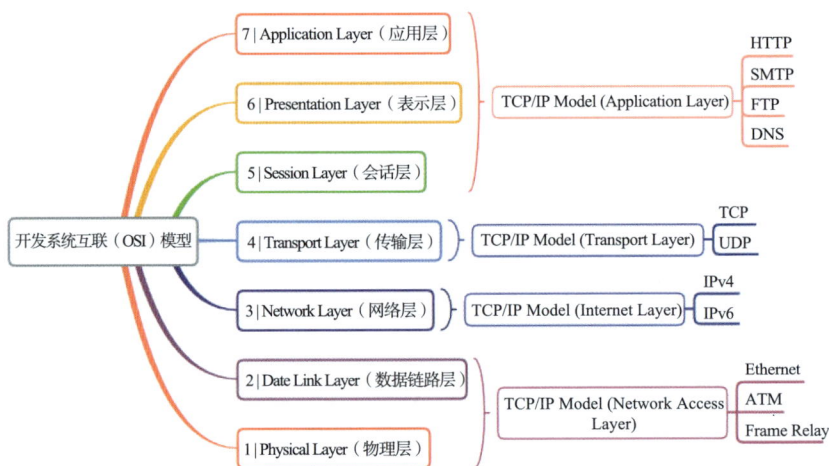

图1-2 OSI模型与TCP/IP模型的分层结构对比图

（1）应用层：是指需要TCP/IP模型来帮助它们相互通信的程序。这是用户通常与之交互的级别，例如电子邮件系统和消息传递平台。它结合了OSI模型的会话层、表示层和应用层。

（2）传输层：负责在原始应用程序或设备与其预期目的地之间提供稳固可靠的数据连接。这是将数据划分为数据包并编号以创建序列的级别。然后，传输层确定必须发送多少数据、发送到哪里以及以什么速率发送。它确保数据包按顺序无误发送，并获得目标设备已收到数据包的信息确认。

（3）互联网层：负责从网络发送数据包并控制它们在网络中的移

动，以确保它们到达目的地。它提供了跨网络在应用程序和设备之间传输数据序列的功能和过程。

（4）数据链路层：定义了数据应该如何发送，处理发送和接收数据的物理行为，并负责在网络上的应用程序或设备之间传输数据。这包括定义如何通过网络上的硬件和其他传输设备[例如计算机的设备驱动程序、以太网电缆、网络接口卡（NIC）或无线网络]发送数据信号。它也被称为链路层、网络接入层、网络接口层或物理层，是 OSI 模型的物理和数据链路层的组合，它标准化了计算和电信上的通信功能系统。

思考练习

单选题：

（1）在 OSI 参考模型中，能实现端到端之间的传输功能的是（　　）。

    A. 传输层　　　　B. 应用层　　　　C. 网络层　　　　D. 物理层

（2）在 OSI 参考模型中，自下而上第一个提供端到端服务的层次是（　　）。

    A. 数据链路层　B. 传输层　　　　C. 会话层　　　　D. 应用层

（3）在 OSI 参考模型中，负责两台计算机之间的逻辑寻址的是（　　）。

    A. 表示层　　　　B. 会话层　　　　C. 网络层　　　　D. 应用层

（4）数据由端系统传送至端系统时，不参与数据封装工作的是（　　）。

    A. 物理层　　　　B. 数据链路层　C. 网络层　　　　D. 表示层

（5）若要对数据进行字符转换，数字转换以及数据压缩和加密解密，应该在 OSI 参考模型的（　　）实现。

    A. 网络层　　　　B. 传输层　　　　C. 会话层　　　　D. 表示层

（6）三次握手四次断开的可靠通信过程主要在 TCP/IP 模型中的（　　）提供。

    A. 数据链路层　B. 互联网层　　C. 传输层　　　　D. 应用层

（7）工作站主机的网卡主要工作在 TCP/IP 模型中的（　　）。

    A. 数据链路层　B. 互联网层　　C. 物理层　　　　D. 应用层

（8）集线器在 OSI 参考模型中的（　　）提供工作。

    A. 数据链路层　B. 互联网层　　C. 物理层　　　　D. 应用层

2

网络设备分类

2.1　任务引言

　　网络设备是连接到网络中的物理实体，主要有集线器、交换机、网桥、路由器、网关、无线控制器AC、无线接入点AP、防火墙等。此章将分别介绍交换机、路由器、防火墙。

2.2　任务目标

　　（1）掌握交换机设备的分类。
　　（2）掌握路由器设备的分类。
　　（3）掌握防火墙设备的分类。

2.3　理论知识

2.3.1　交换机分类

交换机是所有网络的关键构建块，常用作网络边缘设备的网络连接点，例如计算机、无线访问点、打印机和服务器等。交换机实现不同网络设备之间的通信，是计算机网络中将其他设备连接在一起的设备。在较大的网络设备中，出于流量安全分析目的，通常也会将交换机放置在出口路由器的前面，在流量流向局域网内部之前，针对流量进行入侵检测。例如，在许多情况下，端口镜像用于创建流过交换机的数据的镜像，然后将其发送到入侵检测系统或数据包嗅探器中进行分析。

交换机工作在OSI模型的数据链路层（第二层）运行，为每个交换机端口创建一个单独的冲突域。连接到交换机端口的每个设备都可以随时将数据传输到任何其他端口，并且传输过程不会受到干扰。交换机也可以在OSI模型的较高层（包括网络层及更高层）上运行，在这些较高层上运行的设备也称为三层交换机。

根据不同的分类方式，交换机可分为以下类型：

（1）根据网络覆盖范围，交换机可分为广域网交换机和局域网交换机。广域网交换机主要应用于电信领域，提供通信用的基础平台。而局域网交换机则应用于局域网络，用于连接终端设备，如PC机及网络打印机等。

（2）从传输介质和传输速度上可分为以太网交换机、快速以太网交换机、千兆以太网交换机、FDDI交换机、ATM交换机和令牌环交换机等。从规模应用上又可分为企业级交换机、部门级交换机和工作组交换机等。各厂商划分的规模并不是完全一致的，一般来讲，企业级交换机都是机架式，部门级交换机可以是机架式（插槽数较少），也可以是固定配置式，而工作组级交换机为固定配置式（功能较为简单）。从应用规模来看，作为骨干交换机时，支持500个信息点以上大型企业应用的交换机为企业级交换机，支持300个信息点以下中型企业的交换机为部门级交换机，而支持100个信息点以内的交换机为工作组级交换机。

（3）从功能上可以分为非管理型交换机、网管型交换机和智能交换机。非管理型交换机是最基础的类型，提供固定配置，通常即插即用，这意味着它们几乎没有可供用户选择的选项。它们可能具有服务质量等功能的默认设置，但无法更改。非管理型交换机的优点是相对便宜，但功能相对缺乏，使其不适合大多数企业使用。网管型交换机为IT专业人员提供了更多功能，是在企业或企业设置中最常看到的类型。网管型交换机具有命令行界面（CLI）进行配置，支持简单的网络管理协议（SNMP）代理，该代理提供可用于解决网络问题的信息。网管型交换机还具有支持VLAN、服务质量设置和IP路由等功能，安全性也更好，可以保护它们处理的所有类型的流量。由于其先进的功能，网管型交换机的成本要比非管理型交换机高得多。智能交换机是管理型交换机，具有某些功能，这些功能超出了非管理型交换机所提供的功能，但少于完全可管理的交换机。因此，它们比非管理型交换机更复杂，但也比完全可管理的交换机便宜。它们通常缺乏对安全外壳协议（SSH）或远程登录协议（Telnet）的支持，并且具有网页图形界面而不是终端命令行界面，其他选项（如VLAN）可能没有完全管理的交换机所支持的功能那么多。但是，由于它们的价格较低，可能非常适合财务资源较少且功能需求较少的小型企业。

2.3.2 路由器分类

路由器就是连接两个以上个别网络的设备。由于位于两个或更多个网络的交汇处，从而可在它们之间传递分组（一种数据的组织形式）。路由器与交换机在概念上有一定重叠，但也有不同。交换机泛指工作于任何网络层的数据中继设备（多指网桥），而路由器则更专注于网络层。

路由器与交换机的差别在于，路由器是OSI模型第三层的产品，交换机是OSI模型第二层的产品。交换机的产品功能在于，将网络上各个电脑的MAC地址记在MAC地址表中，当局域网中的电脑要经过交换机去交换传递资料时，就查询交换机上的MAC地址表中的信息，将数据包发送给指定的电脑，而不会像第一层的产品（如集线器）每台在网络中的电脑都发送。而路由器除了有交换机的功能外，更拥有作为路由表发送数据包时的依据，在多种选择路径中选择最佳路径。此外，还可以连接两个以上不同网段的网络，而交换机只能连接两个，并且路由器具有IP分享的功能，如区分哪些数据包是要发送至WAN。路由表存储了（向前往）某一网络的最佳路径，该路径的"路由度量值"以及下一跳IP地址或者出接口。

根据应用场景的不同，路由器可分为以下类型：

（1）核心路由器，提供最大的带宽来连接其他路由器或交换机，通常由服务提供商（如电信、移动、联通）或云提供商（如Google、Amazon、Microsoft、Aliyun）使用。大多数小型企业不需要核心路由器，但是，拥有许多员工在不同建筑物或不同地点工作的大型企业可能会将核心路由器用作其网络体系结构的一部分。

（2）边缘路由器，也称为网关路由器或简称为"网关"，是网络与外部网络（包括Internet）的最外部连接点。边缘路由器针对带宽进行了优化，并设计为连接到其他路由器以将数据分发给最终用户。边缘路由器通常不提供Wi-Fi或完全管理本地网络的功能，通常只有以太网端口，一个输入端口用于连接到Internet，几个输出端口用于连接其他路由器。边缘路由器和调制解调器是可以互换的术语，尽管制造商或IT专业人员在引用边缘路由器时不再使用后者作为名称。

（3）无线路由器。无线路由器和住宅网关结合了边缘路由器和分布路由器的功能，是用于家庭网络和Internet访问的普通路由器。大多数服务提供商都将功能齐全的无线路由器作为标准设备提供。但是，即使可以选择在小型企业中使用互联网服务提供商（ISP）的无线路由器，也可能希望使用企业级路由器来利用更好的无线性能，更多地连接控制和安全性。

（4）虚拟路由器，是允许某些路由器功能在云中虚拟化并作为服务交付的软件。这些路由器具有灵活性、易扩展性的特点和较低的入门成本，减少了对本地网络硬件的管理，是具有复杂网络需求的大型企业的理想选择。

2.3.3　防火墙分类

防火墙可以是硬件设备、软件设备或两者结合。防火墙是一种网络安全设备，它监视传入和传出的网络流量，并根据一组定义的安全规则来决定允许还是阻止特定的流量传入和传出。一直以来，防火墙都是网络安全的第一道防线。防火墙在受保护和受控制的网络之间建立了障碍，而内部和外部网络是指受信任的和不受信任的网络，例如Internet是不受信任的网络。

根据不同的安装方式，防火墙可分为以下类型：

（1）软件防火墙，包括安装在本地设备而不是单独的硬件（或云服务器）上的任何类型的防火墙。软件防火墙的最大好处是，可以通过将各个网络端点彼此隔离，进行深度防御。但是，在不同的设备上维护单独的软件防火墙可能是困难且耗时的。此外，并非网络上的每个设备都可能与单个软件防火墙兼容，这可能意味着必须使用多个不同的软件防火墙来覆盖每个设备。常见的软件防护墙有Windows Defender、奇虎360、金山毒霸、瑞星防火墙等。

（2）虚拟防火墙通，常作为虚拟设备部署在私有云（如VMware ESXi、Microsoft Hyper-V、KVM）或公共云（如AWS、Azure、Google、Oracle）中，以监视和保护物理和虚拟网络之间的流量。虚拟防火墙通常是软件定义网络（SDN）中的关键组件。

（3）硬件防火墙，它使用一种物理设备进行工作，该物理设备的行为类似于流量路由器，在将数据包和流量请求连接到网络服务器之前对其进行拦截。这样基于物理设备工作的防火墙，通过确保在公司的网络终结点遭受风险之前拦截来自网络外部的恶意流量，从而在外围安全方面表现出色。但是，硬件防火墙的主要缺点是内部攻击通常很容易绕过它们。

防火墙从功能上划分，可以分为包过滤防火墙、电路级防火墙、代理防火墙、下一代防火墙等，具体如下：

（1）包过滤防火墙。作为最基础和最古老的防火墙体系结构，包过滤防火墙基本上在流量路由器或交换机上创建检查点。防火墙对通过路由器的数据包进行简单检查（检查诸如目的地、始发IP地址、包类型、端口号以及其他表面级别信息之类的信息，而无须打开包来检查其内容）。如果数据包未通过检查，则将其丢弃。这些防火墙的优点是它们不会非常耗费资源，这意味着它们不会对系统性能产生巨大影响，并且相对简单。但是，与具有更强大检查功能的防火墙相比，它们也相对容易绕开。

（2）电路级防火墙。作为另一种简单的防火墙类型，它旨在快速而轻松地批准或拒绝流量通过，而不消耗大量的计算资源。电路级防火墙通过验证传输控制协议（TCP）握手来工作，旨在确保数据包来自的会话是合法的。这种防火墙就像一台代理服务器，因为在客户端上，不需要安装软件代理程序来辅助应用进程建立连接。这些防火墙虽然非常节省资源，但它们不会检查数据包本身。因此，如果数据包中装有恶意软件，但却具有正确的TCP握手，那么它也将直接通过。这就是为什么电路级防火墙不足以单独保护网络业务的原因，常见的类型有SOCKS。

（3）代理防火墙（应用程序级网关/云防火墙）。它在应用层运行，以过滤网络和流量源之间的传入流量，因此，也称为应用程序级网关。这类防火墙是通过基于云的解决方案或其他代理设备交付的。代理防火墙不是让流量直接连接，而是先建立到流量源的连接并检查传入的数据包。此检查状态与电路级防火墙相似，因为它同时检查数据包和TCP握手协议。但是，代理防火墙也可以执行深层数据包检查，检查信息数据包的实际内容，以确认它不包含恶意软件。一旦检查完成，并且数据包被批准连接到目标，则代理将其发送出去。这在"客户端"（数据包的始发系统）与网络上的各个设备之间形成了额外的隔离层，从而使它们模糊不清，为网络创建了额外的匿名保护。但是代理防火墙有一个缺点，那就是数据包传输过程中的额外步骤，可能会导致速度显著下降。

（4）下一代防火墙（状态化防火墙）。许多最新发布的防火墙产品被吹捧为"下一代"体系结构。但是，关于什么是真正的下一代防火墙，尚未达成共识。下一代防火墙体系结构的一些常见功能包括深度数据包检查（检查数据包的实际内容）、TCP握手检查和表面级别的数据包检查。这种类型的防火墙将"连接"和"状态"这两个概念引入了数据包过滤技术中。因此，防火墙可针对属于同一连接（或数据流）的一组数据包实施访问控制，而不再针对单独的数据包执行过滤。下一代防火墙也可能包括其他技术，例如入侵防御系统（IPS），该技术可自动阻止针对网络的攻击。

2.4 扩展知识

现有的网络设备厂商有哪些？

（1）华为（HUAWEI）。华为技术有限公司（图2-1）成立于1987

年，总部位于广东省深圳市龙岗区。华为是全球领先的信息与通信技术（ICT）解决方案供应商，专注于ICT领域，坚持稳健经营、持续创新、开放合作的商业理念，在电信运营商、企业、终端和云计算等领域构筑了"端到端"的解决方案优势，为运营商客户、企业客户和消费者提供有竞争力的ICT解决方案、产品和服务，并致力于实现未来信息社会、构建更美好的全连接世界。2013年，华为首超全球第一大电信设备商爱立信，排名《财富》世界500强第315位。华为的产品和解决方案已经应用于全球170多个国家，为全球运营商50强中的45家及全球1/3的人口服务。

2017年6月6日，"2017年BrandZ最具价值全球品牌100强"公布，华为名列第49位。2019年7月22日，美国《财富》杂志发布了最新一期的世界500强名单，华为排名第61位。2018年"中国500最具价值品牌"，华为居第6位。12月18日，"2018世界品牌500强"揭晓，华为排名第58位。2018年2月，沃达丰和华为首次完成5G通话测试。2019年8月9日，华为正式发布鸿蒙系统；8月22日，"2019中国民营企业500强"发布，华为投资控股有限公司以7212亿元营收排名第一位；12月15日，华为获得了首批"2019中国品牌强国盛典年度荣耀品牌"的殊荣。2020年，华为位于"中国民营企业500强"第一名。2020年11月17日，华为投资控股有限公司整体出售荣耀业务资产。对于交割后的荣耀，华为不占有任何股份，也不参与经营管理与决策。2021年8月2日，《财富》公布世界500强榜（企业名单），华为排在第44位。

图2-1　华为Logo

（2）华三通信（H3C）。杭州华三通信技术有限公司，简称华三通信（图2-2）。主要提供IT基础架构产品及方案的研究、开发、生产、销售等服务。华三通信在中国设有38个分支机构，公司有员工5000人，其中研发人员占55%。H3C拥有全线路由器和以太网交换机产品，在网络安全、云存储、云桌面、硬件服务器、WLAN、SOHO及软件管理系统等领域稳健成长。根据名调研机构IDC发布报告显示，2010年中国WLAN市场增长迅速，同时市场份额逐渐向少数厂商集中。

H3C作为全球领先的有线无线一体化网络解决方案提供商，在2009年中国WLAN市场份额第一的基础上，2010年在行业及运营商市场优势继续扩大，综合份额达到了27%，在行业、运营商两类市场中综合排名第一。安全产品中国市场份额居首位，IP存储亚太市场份额第一，IP监控技术全球领先，H3C已经从单一网络设备供应商转变为多产品IToIP解决方案供应商。

图2-2　华三通信Logo

（3）锐捷网络（RUIJIE）。锐捷网络成立于2000年1月，原名实达网络，于2003年更名，是数据通信解决方案品牌（图2-3）。锐捷网络坚持走自主研发的道路，以追求"场景创新"在竞争激烈的网络设备市场走出独树一帜的发展大道。从成立之初，锐捷网络就确定了自己的使命是"推动网络技术发展，紧随网络应用浪潮，让技术与应用融合，促进社会进步"。一直扎根行业，深入场景进行解决方案设计和创新，并利用云计算、SDN、移动互联、大数据、物联网、AI等新技术为各行业用户提供场景化的数字解决方案，助力全行业数字化转型升级。

锐捷网络现已拥有六大研发中心，59个分支机构，10000多家合作伙伴，其自主研发的产品涵盖了交换机、无线和物联网、云桌面、路由器、安全、网关、IT运维管理、认证计费、智慧教室、智慧校园软件10条产品线，助力各行业数字化转型升级。锐捷贴近用户应用的创新成果，广泛应用于政府、运营商、金融、教育、医疗、互联网、能源、交通、商业、制造业等行业信息化建设领域，业务范围覆盖了亚洲、欧洲、美洲、非洲等50多个国家和地区。

锐捷网络每年将16%的销售收入和50%的人员投入研发，在研发的投入上，锐捷网络一直处于业界同类公司的前列。从2000年推出第一款国产模块化交换机和全系列千兆交换机产品，带领国产网络品牌的成功崛起，到2011年率先发布中国首个全面具备云计算特性的数据中心交换机产品家族，成为云计算网络平台的领航者，锐捷网络在自主研发的创新之路上一直稳健前行，引领和推动中国前沿网络技术的发展。

图 2-3　锐捷网络 Logo

（4）思科（CISCO）。CISCO 的名字取自 San Francisco（旧金山），那里有座闻名于世界的金门大桥（图 2-4）。可以说，依靠自身的技术和对网络经济模式的深刻理解，思科成为网络应用的实践者之一。同时，思科也在致力于为无数的企业构筑网络间畅通无阻的"桥梁"，并用自己敏锐的洞察力、丰富的行业经验、先进的技术，帮助企业把网络应用转化为战略性的资产，充分挖掘网络的能量，获得竞争的优势。

2018 年 7 月 19 日，《财富》世界 500 强排行榜发布，思科公司位列第 212 位。2018 年 12 月 18 日，世界品牌实验室编制的《2018 世界品牌 500 强》揭晓，思科排名第 15 位。2019 年 7 月，2019《财富》世界 500 强发布，思科位列第 225 位。2019 年 10 月，在 Interbrand 发布的"全球品牌百强榜"中排名第 15 位。2020 年 7 月，"福布斯 2020 全球品牌价值 100 强"发布，思科排名第 15 位。

图 2-4　思科 Logo

（5）瞻博网络（JUNIPER）。瞻博网络，致力于实现网络商务模式的转型（图 2-5）。作为全球领先的联网和安全性解决方案供应商，瞻博网络公司对依赖网络获得战略性收益的客户一直给予密切关注。公司的客户来自全球各行各业，包括主要的网络运营商、企业、政府机构以及研究和教育机构等。瞻博网络公司推出的一系列联网解决方案，提供所需的安全性能来支持全球最大型、最复杂，要求最严格的关键网络。

图 2-5　瞻博网络 Logo

思考练习

单选题：

（1）部门A有20名员工，现在要求为该部门部署网络，请选择网络设备类型。（　　）

　　A. 交换机　　　　B. 路由器　　　　C. 防火墙　　　　D. 集线器

（2）企业内部文件服务器经常出现异常，经网络管理员分析和故障排查，发现存在较多不明主机的访问记录，先需要对该服务器网络进行安全加固，请选择网络设备类型。（　　）

　　A. 交换机　　　　B. 路由器　　　　C. 防火墙　　　　D. 集线器

（3）交换机在OSI参考模型中的（　　）提供工作。

　　A. 数据链路层　　B. 互联网层　　　C. 物理层　　　　D. 应用层

（4）路由器在OSI参考模型中的（　　）提供工作。

　　A. 数据链路层　　B. 网络层　　　　C. 物理层　　　　D. 应用层

（5）要控制员工上网行为，具体到限制QQ、网页浏览等内容，这类防火墙在OSI参考模型中的（　　）提供工作。

　　A. 数据链路层　　B. 互联网层　　　C. 物理层　　　　D. 应用层

学习任务

3

Internet协议版本4（IPv4）

3.1 任务引言

在Internet上有千百万台主机，为了区分这些主机，人们给每台主机都分配了一个专门的地址，称为IP地址，通过IP地址就可以访问到每一台主机。IP地址由4部分数字组成，每部分数字对应8位二进制数字，各部分之间用小数点分开。如某一台主机的IP地址为：209.136.82.200。IP地址由NIC（Internet Network Information Center）统一负责全球地址的规划、管理，同时由Inter NIC、APNIC、RIPE三大网络信息中心具体负责美国及其他地区的IP地址分配。

3.2 任务目标

（1）理解IP地址的基本概念。

（2）掌握IP地址的分类。

（3）掌握IP地址的子网划分方法。

3.3 任务情景

新安装操作系统的主机需要加入网络中，因此需要为不同的操作系统主机配置网络地址，使其能够访问内部局域网网络。

3.4 理论知识

3.4.1 IP协议

IP协议是为计算机网络相互连接进行通信而设计的协议。在因特网中，它是能使连接到网上的所有计算机网络实现相互通信的一套协议，规定了计算机在因特网上进行通信时应当遵守的规则。任何厂家生产的计算机系统，只要遵守IP协议就可以与因特网互连互通。各个厂家生产的网络系统和设备，如以太网、分组交换网等，它们相互之间不能互通，不能互通的主要原因是它们所传送数据的基本单元（技术上称为"帧"）的格式不同。IP协议实际上是一套由软件程序组成的协议软件，它把各种不同"帧"统一转换成"IP数据报"格式，这种转换是因特网一个最重要的特点，使所有计算机都能在因特网上实现互通，具有开放性的特点。正是因为有了IP协议，因特网才得以迅速发展，成为世界上最大的、开放的计算机通信网络。因此，IP协议也可以叫作"因特网协议"。

当今，Internet上普遍使用两种版本的IP协议。IP协议的原始版本是1983年在ARPANET中首次部署的Internet协议版本4（IPv4）。到20世纪90年代初，可分配给Internet服务提供商和最终用户组织的IPv4地址空间迅速耗尽，促使Internet工程任务组（IETF）探索新技术以扩展Internet的寻址能力，对Internet协议进行了重新设计，该协议最终在1995年被称为Internet协议版本6（IPv6）。

（1）IPv4地址的格式。IP地址是一个32位的二进制数，通常被分割为4个"8位二进制数"（也就是4个字节）。IP地址通常用"点分十进制"表示成（a.b.c.d）的形式，其中，a，b，c，d都是0~255的十进制整数。例如，点分十进IP地址（210.73.140.6），实际上是32位二进制数（11010010.01001001.10001100.00000110）。

（2）IPv4 地址分类。IPv4 地址类型分为 A 类地址、B 类地址、C 类地址、D 类地址和 E 类地址，其中 A、B、C 类地址主要提供普通的网络设备使用，D 类地址为组播地址，E 类地址仅提供 Internet 实验和开发使用。特殊地址，被固定使用在特殊的功能和服务上。

A 类地址：1.0.0.0~126.255.255.255

B 类地址：128.0.0.0~191.255.255.255

C 类地址：192.0.0.0~223.255.255.255

D 类地址：224.0.0.0~239.255.255.255

E 类地址：240.0.0.0~255.255.255.254

特殊地址：0.0.0.0、255.255.255.255、127.0.0.0~127.255.255.255

（3）公有地址与私有地址。私有地址就是为解决在 IPv4 下 IP 地址不够用而产生的。目前 IPv4 技术可使用的 IP 地址最多可有 4，294，967，296 个（即 232）。看上去像是很难会用尽，但由于早期编码和分配上的问题，很多区域的编码实际上被空出或不能使用。加上互联网的普及，大部分家庭都至少有一台电脑，连同公司的电脑，以及连接网络的各种设备都消耗了大量 IPv4 地址资源。随着互联网的快速发展，IPv4 的 42 亿个地址最终于 2011 年 2 月 3 日用尽。相应的科研组织已研究出 128 位的 IPv6，其 IP 地址数量最高可达 3.402823669×1038 个，届时，每个人家中的每件电器、每件其他物品，甚至地球上每一粒沙子，都可以拥有自己的 IP 地址。

3.4.2　子网划分

IP 地址由网络部分和主机部分组成，网络部分用于区分不同的网段信息，主机部分用于分配给当前网段中的某台终端主机使用。

（1）子网掩码。子网掩码又称网络掩码、地址掩码，由 32 个比特等分为 4 个部分组成。它是一种用来指明一个 IP 地址哪些位标识是主机所在的子网，以及哪些位标识是主机的位掩码。子网掩码不能单独存在，必须结合 IP 地址一起使用。子网掩码只有一个作用，就是将某个 IP 地址划分成网络地址和主机地址两部分。

默认情况，A 类地址的子网掩码为 255.0.0.0、B 类地址的子网掩码为 255.255.0.0、C 类地址的子网掩码为 255.255.255.0。

子网掩码和IP地址一样，都是由32位的二进制数组成，分割为4个"8位二进制数"（也就是4个字节）。子网掩码也采用"点分十进制"表示成（a.b.c.d）的形式，其中，a，b，c，d都是0~255的十进制整数。例如，255.255.255.0，换算成二进制为：11111111-11111111-11111111-00000000，其中"1"表示网络位，"0"表示主机位。为了简化子网掩码的书写，可以将255.255.255.0写成"/24"，从左边算起一共有多少个连续的1。

（2）网络地址。网络地址也可称为网络号或子网号，它是用来标识某台主机所在的网段，通常表示该网段开始的第一个地址。例如C类地址中，192.168.0.0/24，它的子网号就是192.168.0.0。

（3）广播地址（Broadcast Address）。广播地址是专门用于同时向网络中所有主机发送消息的地址，通常表示该网段的最后一个地址。例如C类地址中，192.168.0.0/24，它的广播地址是192.168.0.255。

（4）主机地址。主机地址，也称为可用主机地址，指网段中除了被网络号和广播地址使用的地址外的所有地址。

（5）有类&无类地址。有类（主类）IP地址：主要分为A、B、C类，每种类型都有固定的掩码。无类IP地址：无论哪种类型的IP地址都没有固定掩码。

（6）VLSM & CIDR。VLSM（可变长子网掩码，Variable Length Subnet Mask）的主要作用是将IP网段从原有的主类网络中进行分割，从而达到节省IP地址空间的目的。CIDR（无类域间路由，Classless Inter-Domain Routing）是基于VLSM进行任意长度前缀的分配，CIDR以进行前缀路由聚合。有类域间路由不可以通过延长子网掩码来缩短可分配的主机数。A、B、C、D、E类地址均属于有类路由，有类路由的子网掩码是固定的，无法更改。

3.4.3　常用的计算公式

（1）计算某个网段可进行子网划分的个数。计算公式为"$2^{(a-b)}$=子网数"，其中"a"为需要进行子网划分的子网长度，"b"为子网划分后的网段掩码长度。例如，192.168.1.0/24能够分配多少个子网掩码为29的网段，其子网个数计算公式为"$2^{(29-24)}$=32"，即最多能够分配32个子网数。

（2）计算某个子网中存在可用主机的个数。计算公式为"$2^y-2=$可用主机数"，其中"y"为当前主机位可变的比特位数量。例如，"192.168.1.0/28"子网，主机位掩码二进制为"1111 0000"，根据公式计算为"$2^4-2=14$"，即当前子网能够支持14台主机。

（3）如何使用块大小快速计算。块大小，是在进行子网划分中一种简单便捷的方法。主机位中能分配给网络设备使用的网络地址需要减去子网号地址和广播地址，通过使用块大小可以加速IP地址的计算。IP地址由32个比特组成，分成4等份，每份为8个比特，写成二进制形式为"1111 1111"，对应二进制的比特位转换成十进制为"128 64 32 16 8 4 2 1"，因此块大小的对应情况如表3-1所示。

表3-1　块大小子网划分对应表

简写子网掩码	二进制掩码	主机位大小
/25	1000 0000	$2^7=128$
/26	1100 0000	$2^6=64$
/27	1110 0000	$2^5=32$
/28	1111 0000	$2^4=16$
/29	1111 1000	$2^3=8$
/30	1111 1100	$2^2=4$
/31	1111 1110	$2^1=2$
/32	1111 1111	$2^0=1$

通过块大小可以快速进行子网划分。例如，有一个网络可以进行子网划分"192.168.0.0/24"，现在A部门最多10人，B部门32人，根据块大小，可以为A部门分配子网掩码为"/28"的子网，B部门分配子网掩码为"/26"的子网。B部门不能分配"/27"的子网原因是，主机位中能分配给主机使用的可用地址需要减去子网主机位的子网号和广播地址，剩下的地址才是终端主机能够使用的。

3.5   任务实施

3.5.1 Window 客户端配置 IP 地址

（1）以 Windows 10 客户端为例，配置主机的网络地址可以在网络连接中心进行配置。可以执行"Win+R"指令打开 Run 程序界面（图3-1），然后在输入框中输入"ncpa.cpl"，点击"确认"，即可打开网络连接中心。

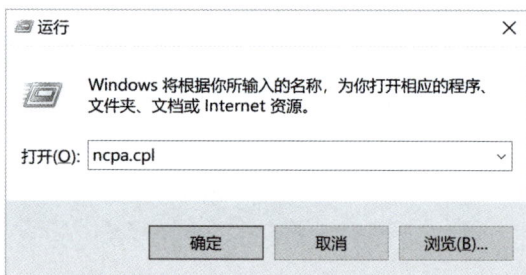

图3-1　Windows "Run"程序

（2）打开网络连接中心后，在页面中找到相应的网卡进行配置。以"Ethernet0"网卡为例，把鼠标移动到该设备上，然后点击右键，如图3-2所示。

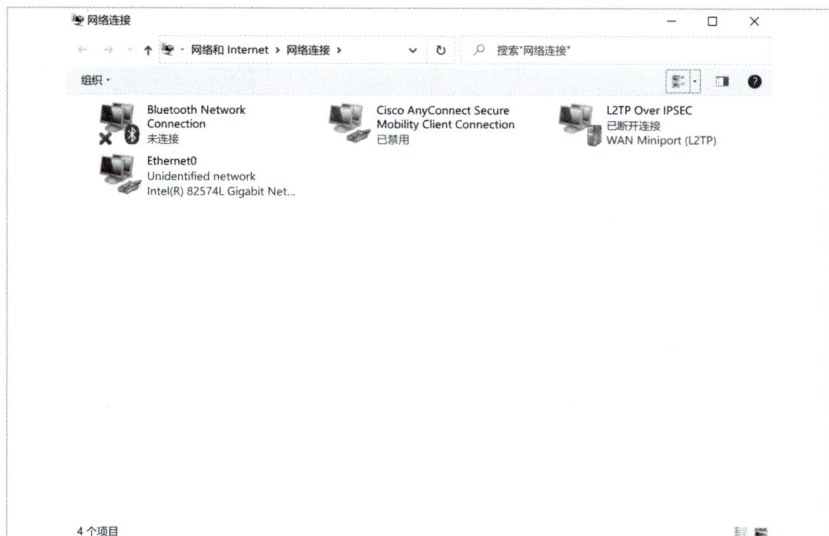

图3-2　网络连接中心

（3）在网卡 Ethernet0 右键菜单中选择"属性"，左击即可打开该网卡的属性配置页面，如图3-3所示。

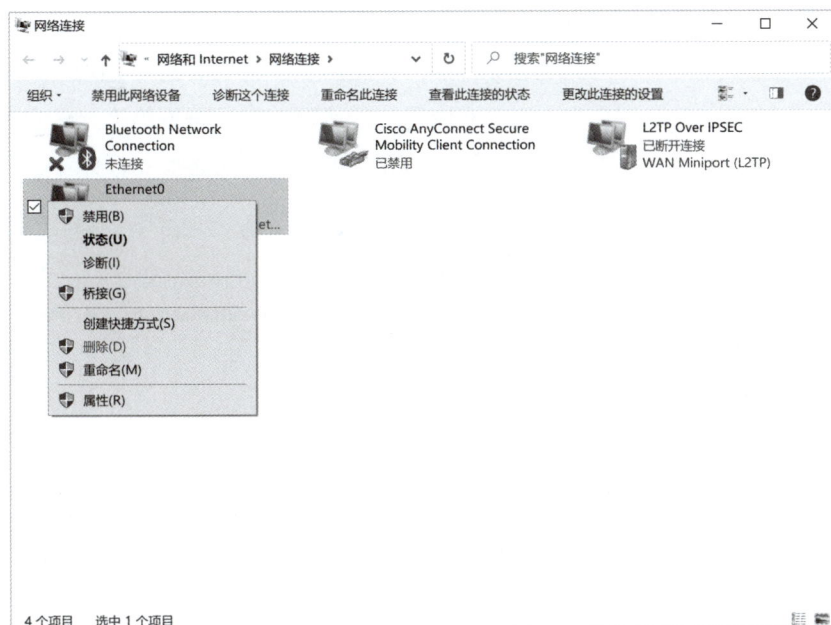

图 3-3　网卡属性配置

（4）在 Ethernet0 属性配置页面中找到"Internet 协议版本 4（TCP/IPv4）"，左击一下，然后点击"属性"按钮，即可打开 IPv4 地址配置界面，如图 3-4 所示。

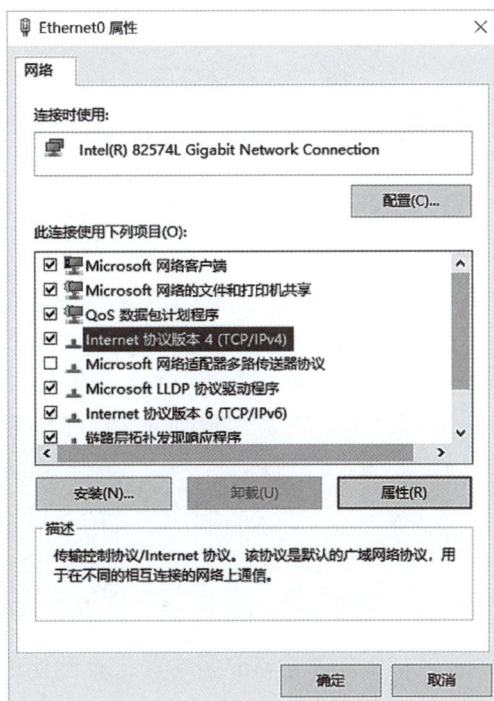

图 3-4　Internet 协议版本 4（TCP/IPv4）配置

（5）在“Internet协议版本4（TCP/IPv4）”的“属性”界面选择“手动配置IP地址”，点击“使用下面的IP地址（S）”就可以在对应的IP地址、子网掩码、默认网关中配置网络连接信息。在DNS选项卡中可以配置首选DNS和辅助DNS，如图3-5所示。

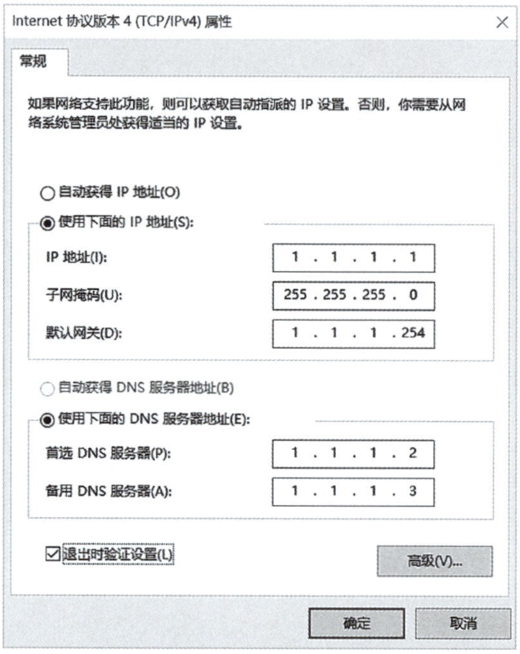

图3-5 IP地址和DNS配置

3.5.2 Linux客户端配置IP地址

（1）以Debian 10客户端命令行界面为例，配置主机的网络地址可以通过编辑“/etc/network/interfaces”配置文件进行配置，在配置之前先使用“ip addr show”指令查看当前主机网络名称，如图3-6所示，此时网卡名称为“ens33”。

```
root@debian:~# ip addr show
1: lo: <LOOPBACK,UP,LOWER_UP> mtu 65536 qdisc noqueue state UNKNOWN group default qlen 1000
    link/loopback 00:00:00:00:00:00 brd 00:00:00:00:00:00
    inet 127.0.0.1/8 scope host lo
       valid_lft forever preferred_lft forever
    inet6 ::1/128 scope host
       valid_lft forever preferred_lft forever
2: ens33: <BROADCAST,MULTICAST> mtu 1500 qdisc noop state DOWN group default qlen 1000
    link/ether 00:0c:29:e2:06:69 brd ff:ff:ff:ff:ff:ff
root@debian:~#
root@debian:~# vim /etc/network/interfaces
```

图3-6 检查网卡名称

（2）通过vim编辑器打开网络配置文件后，在配置文件中编写

ens33网卡的配置信息，如果不太熟悉vim操作，可以使用nano指令替代vim。图3-7所示为nano编辑器打开的配置文件，在该编辑器中可以通过方向键移动光标编写配置文件。编写完成后，执行"Ctrl+X"指令，根据提示输入"Yes"，即可保存配置。

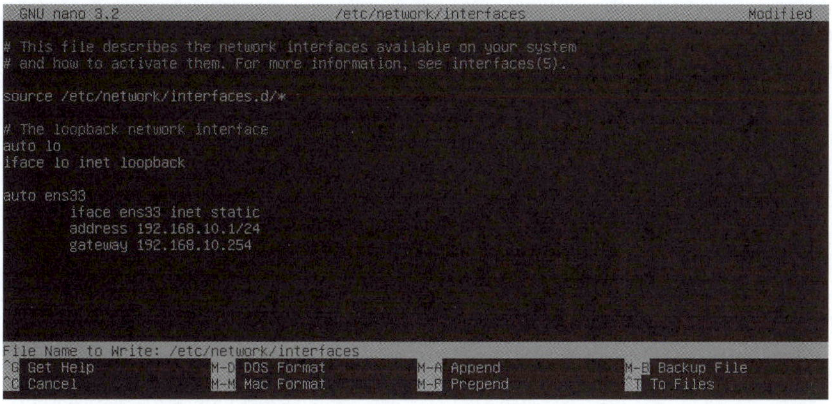

图3-7　网络主配置文件

（3）配置文件编写完成后，执行"systemctl restart networking"指令重启网卡服务，使配置生效，接着使用"systemctl statuc networking"检查网络服务是否正常工作。之后就可以使用"ip addr show"和"ip route"检查IP地址的配置和网关的配置是否正确，如图3-8所示。

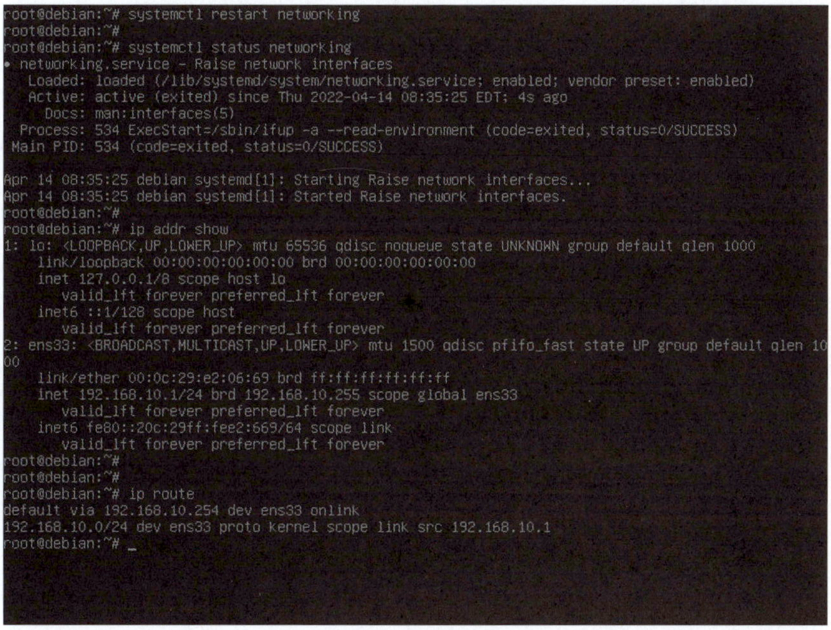

图3-8　重启网络及配置检查结果

（4）如图3-9所示，通过以下指令进行DNS配置及配置查看。

图3-9　配置DNS
服务器地址

```
root@debian:~# echo "nameserver 114.114.114.114" > /etc/resolv.conf
root@debian:~# cat /etc/resolv.conf
nameserver 114.114.114.114
root@debian:~# _
```

3.6　任务评价

根据任务完成情况，进行学习任务综合评价，见表3-2。

表3-2　学习任务综合评价表

考核项目	评价内容	成绩（分）	评价分数		
			自我评价	小组评价	教师评价
职业素养	安全和责任意识强，遵守健康及安全标准	10			
	团队合作意识强，能与同学分享知识及专业技能	10			
	现场管理符合 8S 标准，做好定期整理工作	10			
专业能力	是否掌握 IPv4 地址的 A、B、C 主类地址的范围划分	10			
	是否掌握 IPv4 地址的书写方法	10			
	是否掌握 IPv4 地址的子网划分	10			
	是否掌握 IPv4 地址的类型划分	10			
工作成果	是否能够为 Windows 主机配置网络地址	10			
	是否能够为 Linux 主机配置网络地址	10			
	是否能够为网络设备接口网络地址	10			
总分		100			
综合评价	综合评价 = 自我评价 ×20%+ 小组评价 ×30%+ 教师评价 ×50%	教师签名			

思考练习

单选题：

（1）下列哪项是合法的IP主机地址？（　　　）

A. 127.2.3.5   B. 1.255.255.2/24

C. 255.23.200.9　　　　　　　　D. 192.240.150.255/24

（2）192.168.1.0/24 使用掩码255.255.255.240划分子网，其可用子网数为，
每个子网内可用主机地址数为（　　　）。

A. 14　14　　　B. 16　14　　　C. 254　6　　　D. 14　62

（3）子网掩码为255.255.0.0，下列哪个IP地址在不同一网段中？（　　　）

A. 172.25.15.201　　　　　　　B. 172.25.16.15.

C. 172.16.25.16　　　　　　　D. 172.25.201.15

（4）B类地址子网掩码为255.255.255.248，则每个子网内的可用主机数为
（　　　）。

A. 10　　　　　B. 8　　　　　C. 6　　　　　D. 4

（5）对于C类IP地址，子网掩码为255.255.255.248，则能提供子网数为
（　　　）。

A. 16　　　　　B. 32　　　　　C. 30　　　　　D. 128

（6）三个网段 192.168.1.0/24，192.168.2.0/24，192.168.3.0/24，能汇聚成下
面哪一个网段？（　　　）

A. 192.168.1.0/22　　　　　　B. 192.168.2.0/22

C. 192.168.3.0/22　　　　　　D. 192.168.0.0/22

（7）IP地址219.25.23.56 的缺省（默认）子网掩码有几位数？（　　　）

A. 8　　　　　B. 16　　　　　C. 24　　　　　D. 32

（8）规划一个C类网络，需要将网络分为9个子网，每个子网最多15台主
机，下列哪个是合适的子网掩码?（　　　）

A. 255.255.224.0　　　　　　B. 255.255.255.224

C. 255.255.255.240　　　　　D. 没有合适的子网掩码

（9）某公司申请到一个C类地址，但是要连接6个子公司，最大的一个子
公司有26台计算机，每个子公司在一个网段中，则子网掩码应该设为
（　　　）。

A. 255.255.255.0　　　　　　B. 255.255.255.128

C. 255.255.255.192　　　　　D. 255.255.255.224

问答题：

（1）网络地址为154.27.0.0的网络，若不做子网划分，能支持多少台主机？

（2）某公司申请到一个C类IP地址，但要连接9个子公司，最大的一个子公司有12台计算机，每个子公司在一个网段中，则子网掩码应设为多少？

（3）与10.110.12.139/27属于同一个网段的主机IP地址有哪些？

（4）一个C类子网的掩码为255.255.255.252，则该C类地址划分的子网数为多少？每个子网中的可用主机数为多少？

（5）IP地址为172.188.165.1/20，则子网ID、子网掩码、子网个数、可用主机数分别是多少？

（6）IP地址为202.186.100.173，掩码为255.255.255.192，则该地址的网络号和广播地址是多少？

（7）IP地址为172.106.255.255/23，请问该地址是否可以分配给主机使用？

（8）一个B类地址子网的掩码为255.255.192.0，则该B类地址划分的子网数为多少？每个子网中的可用主机数为多少？

（9）一个B类地址子网的掩码为255.255.255.192，则该B类地址共划分的子网数为多少？每个子网中的可用主机数为多少？

4

网络设备本地登录管理

4.1　任务引言

　　管理型网络设备的背面都有一个控制台端口，它提供了一种将终端连接到网络设备以便对其进行操作的方法。管理员使用控制台端口（有时称为管理端口）直接登录路由器，即可对网络设备进行功能配置和管理。

4.2　任务目标

　　（1）掌握网络设备本地登录管理的方法。
　　（2）能够通过本地登录管理配置网络设备。
　　（3）能够掌握IOS和ASA设备的命令行配置方法。

4.3   任务情景

企业新购买了几台交换机设备，先需要对该网络设备进行初始化配置。网络设备管理可通过CONSOLE配置线连接到网络设备和终端主机进行配置管理。

4.4   理论知识

4.4.1   网络设备管理口

CONSOLE接口是典型的配置接口，使用CONSOLE线直接连接至计算机的串口，利用终端仿真程序在本地配置网络设备。常见的管理型路由器的CONSOLE接口多为RJ-45接口，而交换机中只有网管型交换机才有CONSOLE接口。在新版的网络设备中，除了有支持RJ-45类型的CONSOLE口，还有Mini Type B Usb类型的接口，如图4-1所示。

图4-1   交换机管理
接口

4.4.2   命令行视图管理

通过CONSOLE端口登录路由器后，默认进入用户视图，通常该视图会使用"＞"符号来标识，该视图模式下，仅支持输入一些查询指令来检查当前设备的状态信息，无实际的配置权限，此时可以在用户视图下执行"enable"指令进入特权模式视图。特权模式下会使用"#"符号来表示。

```
Router>enable
Router#
```

　　在特权模式下，可以执行的指令将会更改网络设备的状态，例如，修改设备的时钟信息就是在特权模式下执行。如需要进行更为复杂的管理，还需要执行"configure terminal"指令进入全局配置模式视图。

```
Router#clock set 12:00:00 mar 30 2022
Router#show clock
12:0:2.933 UTC Wed Mar 30 2022
```

　　在全局配置模式下，可以进行各种配置和管理。例如，可以发起对路由进程 RIP 的管理，此时只需要执行"router rip"指令就可以进入路由配置的子模式中进行配置和管理；如需退出，则执行"exit"指令即可返回全局配置模式。

```
Router#configure terminal
Router(config)#router rip
Router(config-router)#exit
```

　　此外，命令行还提供一些常用快捷操作和帮助方式，例如，可以在命令行光标处输入"？"来看看当前模式下哪些指令能够执行。

```
Router>?
Exec commands:
<1-99> Session number to resume
connect Open a terminal connection
disable Turn off privileged commands
disconnect Disconnect an existing network connection
enable Turn on privileged commands
exit Exit from the EXEC
logout Exit from the EXEC
ping Send echo messages
```

resume Resume an active network connection

show Show running system information

ssh Open a secure shell client connection

telnet Open a telnet connection

terminal Set terminal line parameters

traceroute Trace route to destination

也可以在某个指令之后的界面输入"？"以查询更详细的可操作指令，此时如果可执行的指令特别多，就会在输入内容的下方提示"--More--"，在该情况下，可以执行"Ctrl+C"指令退出显示，也可以敲回车键查看更多内容。

Router>show?

arpARPtable

cdp CDP information

class-map Show QoS Class Map

clock Display the system clock

controllers Interface controllers status

crypto Encryption module

dot11 IEEE 802.11 show information

flash: display information about flash: file system

frame-relay Frame-Relay information

history Display the session command history

hostsIPdomain-name, lookup style, nameservers, and host table

interfaces Interface status and configuration

ipIPinformation

ipv6 IPv6 information

lldp LLDP information

policy-map Show QoS Policy Map

pppoe PPPoE information

privilege Show current privilege level

protocols Active network routing protocols

pt pt related stuff

queue Show queue contents

queueing Show queueing configuration
--More--

在操作指令时，如果遇到记不住的指令，可以通过输入仅记住的几个字母，在按下"Tab"键后，命令自动补全。

Router>en *[该括号中并非指令！请按下tab键]*
Router>enable

最后，指令的输入支持简写，例如，在特权模式下输入"configure terminal"和"conf t"的作用是一样的，但前提是简写的部分需要有唯一性。如想通过"showARP"查看当前设备的ARP信息，可以把"show"简写成"sh"，但无法将"arp"指令简写成"a"，因为"show"指令下，"a"开头的指令还有"aaa""access-list""arp"，所以最终简写成"sh ar"即可成功执行。

Router#sh a
% Ambiguous command: "show a"
Router#sh a?
aaa access-listsARP
Router#sh ar

4.4.3　IOS常用指令

设置设备名称就好像给我们的计算机起个名字，主机名最多可以包含63个字符。必须以字母或数字开头和结尾，并且只能包含字母、数字或连字符。完全限定域名（Fully Qualified Domain Name，FQDN）是Internet上特定计算机或主机的完整域名。FQDN由两部分组成：主机名和域名。例如，路由器设备的FQDN是R1.cisco.com，那么它的主机名是R1，主机位于域名cisco.com中。

```
Router(config)#hostname R1
R1(config)#ip domain-name cisco.com
```

设置进入特权模式需要输入密码，在指令前面输入一个"no"，表示删除当前指令。使用"enable password"配置的密码将以明文的方式存储到配置文件中，可以使用"enable secret"来配置加密密码。

```
Router(config)#enable password P@ssw0rd
Router(config)#no enable password
Router(config)#enable secret P@ssw0rd
```

对所有在路由器上输入的明文密码进行加密。

```
Router(config)# service password-encrypt
```

不允许路由器对非系统指令使用DNS进行解析。

```
Router(config)#noIPdomain-lookup
```

进入CONSOLE配置模式，配置CONSOLE登录密码。密码设置成功后需要执行"login"指令才会生效，此时还可以配置其他参数，如日志同步、终端超时，如果超时时间为0，则意味着永不超时。配置完成后，可以执行"end"指令，直接从CONSOLE配置模式退回到特权模式。

```
Router(config)#line console 0
Router(config-line)#password P@ssw0rd
Router(config-line)#login
Router(config-line)#logging synchronous
Router(config-line)#exec-timeout 0 0
Router(config-line)#end
```

查看当前运行配置。

```
R1#show running-config
Building configuration...
Current configuration : 657 bytes
!
version 16.6.4
no service timestamps log datetime msec
no service timestamps debug datetime msec
no service password-encryption
!
hostname R1
!
ip cef
no ipv6 cef
!
--More--
```

通过在特权模式中执行"show startup-config"指令，查看
NVRAM存储的配置文件。

```
R1#show startup-config
Using 661 bytes
!
version 16.6.4
no service timestamps log datetime msec
no service timestamps debug datetime msec
no service password-encryption
!
hostname Router
!
ip cef
no ipv6 cef
!
--More--
```

将运行配置文档备份到 startup 配置文档。

```
R1#copy running-config startup-config
Destination filename [startup-config]?
Building configuration...
[OK]
```

将运行配置文档备份到 startup 配置文档。

```
R1#write memory
Building configuration...
[OK]
```

清除 startup 配置文件。

```
R1#erase startup-config
Erasing the nvram filesystem will remove all configuration files! Continue? [confirm]
[OK]
Erase of nvram: complete
%SYS-7-NV_BLOCK_INIT: Initialized the geometry of nvram
```

重启路由器设备。

```
R1#reload
Proceed with reload? [confirm]
```

查看系统版本等信息。

```
Router>show version
Cisco IOS Software [Everest], ISR Software (X86_64_LINUX_IOSD-UNIVER-
SALK9-M), Version 16.6.4,RELEASE SOFTWARE (fc3)
Technical Support: http://www.cisco.com/techsupport
Copyright (c) 1986-2018 by Cisco Systems, Inc.
Compiled Sun 08-Jul-18 04:33 by mcpre
```

Cisco IOS-XE software, Copyright (c) 2005-2018 by cisco Systems, Inc.
All rights reserved. Certain components of Cisco IOS-XE software are
licensed under the GNU General Public License ("GPL") Version 2.0. The
software code licensed under GPL Version 2.0 is free software that comes
with ABSOLUTELY NO WARRANTY. You can redistribute and/or modify such
GPL code under the terms of GPL Version 2.0. For more details, see the
documentation or "License Notice" file accompanying the IOS-XE software,
or the applicable URL provided on the flyer accompanying the IOS-XE
software.

ROM: IOS-XE ROMMON

Router uptime is 1 minutes, 24 seconds
Uptime for this control processor is 1 minutes, 24 seconds
System returned to ROM by power-on
System image file is "bootflash:isr4300-universalk9.16.06.04.SPA.bin"
Last reload reason: PowerOn

This product contains cryptographic features and is subject to United
States and local country laws governing import, export, transfer and
use. Delivery of Cisco cryptographic products does not imply
third-party authority to import, export, distribute or use encryption.
Importers, exporters, distributors and users are responsible for
compliance with U.S. and local country laws. By using this product you
agree to comply with applicable laws and regulations. If you are unable
to comply with U.S. and local laws, return this product immediately.

A summary of U.S. laws governing Cisco cryptographic products may be found at:
http://www.cisco.com/wwl/export/crypto/tool/stqrg.html

If you require further assistance please contact us by sending email to
export@cisco.com.

Suite License Information for Module: 'esg'

```
---------------------------------------------------------------------
Suite Suite Current Type Suite Next reboot
---------------------------------------------------------------------
FoundationSuiteK9 None None None
securityk9
appxk9
AdvUCSuiteK9 None None None
uck9
cme - srst
cube
Technology Package License Information:
---------------------------------------------------------------------
Technology Technology-package Technology-package
Current Type Next reboot
---------------------------------------------------------------------
appxk9 None None None
uck9 None None None
securityk9 securityk9 Permanent securityk9
ipbase ipbasek9 Permanent ipbasek9

cisco ISR4331/K9 (1RU) processor with 1795999K/6147K bytes of memory.
Processor board ID FLM232010G0
3 Gigabit Ethernet interfaces
32768K bytes of non-volatile configuration memory.
4194304K bytes of physical memory.
3207167K bytes of flash memory at bootflash:.
0K bytes of WebUI ODM Files at webui:.
Configuration register is 0x2102
Router>
```

查看当前设备"flash:/"目录。

```
Router#dir flash:
Directory of flash:/
```

```
3 -rw- 486899872 <no date> isr4300-universalk9.16.06.04.SPA.bin
2 -rw- 28282 <no date> sigdef-category.xml
1 -rw- 227537 <no date> sigdef-default.xml

3249049600 bytes total (2761893909 bytes free)
```

　　如果需要在其他子模式下执行特权模式指令，直接执行是不被允许的。需要在执行指令前添加 do 指令，这样就可以使特权模式下的指令在全局配置模式或者其他子配置模式下执行。

```
Router(config-if)#showIPint bri
^
% Invalid input detected at '^' marker.
Router(config-if)#do showIPint bri
Interface IP-Address OK? Method Status Protocol
GigabitEthernet0/0/0 unassigned YES NVRAM administratively down down
GigabitEthernet0/0/1 unassigned YES NVRAM administratively down down
GigabitEthernet0/0/2 unassigned YES NVRAM administratively down down
Vlan1 unassigned YES NVRAM administratively down down
```

4.4.4 ASA常用指令

　　首次登录防火墙设备，在执行"enable"指令后需要设置密码，此时控制台会要求输入两次密码。在输入密码后，系统将会提醒执行"write memory"指令或"copy running-config startup-config"指令保存当前的running配置文件到startup配置文件。与IOS操作系统不同的是，在ciscoasa中，特权密码默认会被加密存储，并且除此以外的任何密码都会被加密存储。

```
ciscoasa> enable
The enable password is not set. Please set it now.
```

```
Enter  Password: *****
Repeat Password: *****
Note: Save your configuration so that the password persists across reboots
("write memory" or "copy running-config startup-config").
ciscoasa# write memory
Building configuration...
Cryptochecksum: 447f1a72 f855310a 1aa91b81 1ce2c14e

6984 bytes copied in 0.150 secs
[OK]
ciscoasa# show running-config enable
enable password ***** pbkdf2
```

给网络设备设置正确的时区和时间。在配置时间前，需要了解时区的基本概念。在国际无线电通信场合，为了方便起见，使用一个统一的时间，称为通用协调时间（Universal Time Coordinated，UTC）。UTC把整个地球分为二十四时区，每个时区都有自己的本地时间。格林尼治标准时间（Greenwich Mean Time，GMT）指位于英国伦敦郊区的皇家格林尼治天文台的标准时间，因为本初子午线被定义为通过那里的经线（UTC与GMT时间基本相同）。中国标准时间（China Standard Time，CST），通常可以理解为GMT+8或者UTC+8就等于CST时间。夏令时（Daylight Saving Time，DST）指在夏天太阳升起得比较早时，将时间拨快一小时，以提早日光的使用（中国不使用夏令时）。

```
ciscoasa(config)# clock timezone UTC +8
ciscoasa(config)# clock set 12:00:00 mar 30 2022
ciscoasa(config)# show clock
12:00:06.889 UTC Wed Mar 30 2022
```

配置防火墙主机名和域名。

```
ciscoasa(config)# hostname asa-fw
asa-fw(config)# domain-name cisco.com
```

　　防火墙设备在清除当前配置时，除了可以执行"write erase"指令清除当前设备的startup配置文件外，还可以执行"clear"指令进行移除配置。其中，使用"write erase"指令清空配置时需要重启防火墙才能生效，使用"clear"指令则无须重启，立即生效。

```
ciscoasa(config)# write erase
Erase configuration in flash memory? [confirm]
[OK]
```

　　使用"clear configure all"指令移除当前防火墙设备的所有配置，此外，还可以将"all"指令替换成更细化的配置，如单独移除主机名的配置或router配置。

```
asa-fw(config)# clear configure all
WARNING: Disabling auto import may affect Smart Licensing
Creating trustpoint "_SmartCallHome_ServerCA" and installing certificate...
Trustpoint CA certificate accepted.
ciscoasa(config)# clear configure hostname
ciscoasa(config)# clear configure router
```

　　与路由器操作不同的还有，在防火墙中，特权模式的指令可以在全局配置模式下直接执行，而无须借助"do"指令。在输出内容过多的时候，同样会在末尾提示"<--- More --->"，此时"Ctrl+C"指令将无法终止输出，按下"q"键即可退出。

```
ciscoasa(config)# show running-config
: Saved
:
: Serial Number: 9AUELPQF8RP
: Hardware:   ASAv, 2048 MB RAM, CPU Lynnfield 2300 MHz
:
ASA Version 9.15(1)1
!
```

```
hostname ciscoasa
enable password ***** pbkdf2
service-module 0 keepalive-timeout 4
service-module 0 keepalive-counter 6
names
no mac-address auto
!
interface GigabitEthernet0/0
 shutdown
 no nameif
 no security-level
 noIPaddress
!
interface Management0/0
 management-only
<--- More --->
```

防火墙是特殊的路由器或交换机，该系统将提供很多安全策略以保护需要保护的网络。默认情况下，我们在执行"show running-config"指令时将无法查看默认的安全策略。此时需要在"show running-config"指令后加上"all"指令即可查看所有配置，包括默认的安全策略。

```
ciscoasa(config)# show running-config all
: Saved
:
: Serial Number: 9AUELPQF8RP
: Hardware:   ASAv, 2048 MB RAM, CPU Lynnfield 2300 MHz
:
ASA Version 9.15(1)1
!
command-alias exec h help
command-alias exec lo logout
command-alias exec p ping
command-alias exec s show
```

```
terminal width 80
hostname ciscoasa
enable password ***** pbkdf2
no asp load-balance per-packet
no asp rule-engine transactional-commit access-group
no asp rule-engine transactional-commit nat
no fips enable
service-module 0 keepalive-timeout 4
service-module 0 keepalive-counter 6
memory heap-trimming enable
xlate per-session permit tcp any4 any4
xlate per-session permit tcp any4 any6
<--- More --->
```

4.5   任务实施

（1）本任务实施前需要准备一台终端主机、一台交换机和一根一端为 USB 接口，另一端为 RJ-45 的 Console 线。在开始实验时，需要将 Console 线一端为 USB 的接口与终端主机连接，另一端 RJ-45 接口则与交换机的 CONSOLE 端口相连。如图 4-2 所示，左边为常用的 RJ-45 类型的 Console 线，右边为新版的 Mini type 8 usb 类型的 Console 线。

图 4-2   Console 线

（2）连接 Console 线，使用 RJ-45 连接到设备的 CONSOLE 接口，即如图 4-1 所示，蓝色标记的 CONSOLE 接口。

（3）在终端主机找到提前下载的 Putty 工具，双击打开，选择

"Session"选项卡，选择"Serial"连接类型，并输入"COM3"接口，输入波特率为"9600"，设置好连接参数后，点击"Open"连接，如图4-3所示。

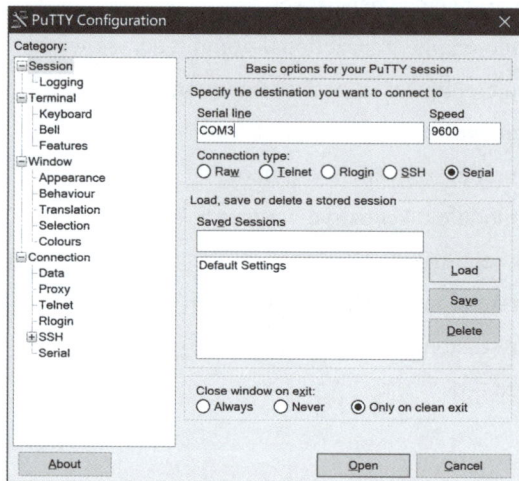

图4-3　Putty连接配置

（4）使用CONSOLE连接到交换机后，默认进入用户配置模式。在特权用户配置模式中用户可以查询交换机配置信息、端口连接情况等，如图4-4所示。

图4-4　交换机用户配置模式

（5）在交换机CLI中，输入"enable"指令即可提升为特权模式。特权模式用于提供更多的命令和权限，如调试命令以及更详细的测试，如图4-5所示。

图4-5   交换机特权
模式

（6）在特权模式下执行"conf terminal"指令，则可进入全局配置模式。全局配置模式是配置全局系统和相应的详细配置。它可应用于特定的细节配置，如管理IP、创建VLAN和管理VLAN等，如图4-6所示。

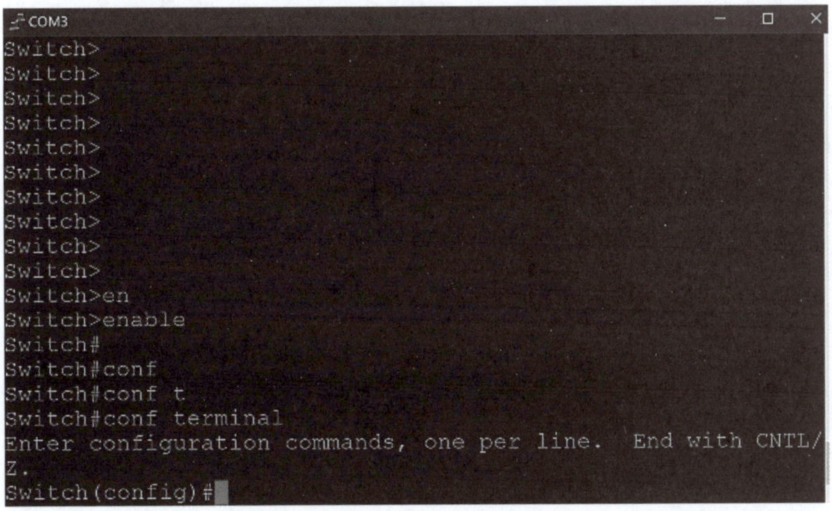

图4-6   交换机全局
配置模式

4.6   任务评价

根据任务完成情况，进行学习任务综合评价，见表4-1。

表4-1　学习任务综合评价表

考核项目	评价内容	成绩（分）	评价分数		
			自我评价	小组评价	教师评价
职业素养	安全和责任意识强，遵守健康及安全标准	10			
	团队合作意识强，能与同学分享知识及专业技能	10			
	现场管理符合 8S 标准，做好定期整理工作	10			
专业能力	是否理解 CONSOLE 接口的管理和使用	10			
	是否掌握网络设备的本地登录管理	10			
	是否掌握网络设备的基础命令	10			
	是否掌握网络设备的快捷指令的使用	10			
工作成果	能够通过本地 CONSOLE 管理网络设备	10			
	能够为网络设备配置主机名等基本功能	10			
	能够使用快捷指令提升操作效率	10			
总分		100			
综合评价	综合评价 = 自我评价 ×20%+ 小组评价 ×30%+ 教师评价 ×50%	教师签名			

思考练习

根据本章所学知识，在模拟器中添加相应的网络设备，根据表4-2所示，完成初始化配置，配置完成后，请通过相应的检查指令检验配置是否成功。

表4-2　网络设备基础配置需求表

设备类型	设备名	时区	是否允许 DNS 解析	特权密码	保存到 NVRAM
交换机	SW1	东八区	否	P@ssw0rd01	是
路由器	R1	东九区	是	P@ssw0rd02	是
防火墙	FW1	东十区	否	P@ssw0rd03	是

5

网络设备远程登录管理

5.1 任务引言

网络设备远程管理方式有多种，主要有 Telnet 和 SSH 远程访问等方式。其中 SSH 是远程管理最重要的方式，是网络远程登录服务标准协议和主要方式，可以让我们从一台设备登录到另一台设备，对设置距离较远或不方便配置的设备有很大的帮助。Telnet 是一种不安全的协议，会使密码以明文的形式在网络上传递，任何嗅探流量的人都可以清晰地看到它。因此，SSH 是网络设备远程管理的首选方式。

5.2 任务目标

（1）能够理解 Telnet 和 SSH 的区别。

（2）能够掌握网络设备配置 Telnet 的方法。

（3）能够掌握网络设备配置 SSH 的方法。

5.3　任务情景

　　企业新购买了几台网络设备，现日常运维管理员都是通过Console配置线连接到网络设备和终端主机进行配置管理。但有时候，需要调整网络设备相关的业务配置时，因特殊原因无法达到现场，从而无法进行管理。因此，需要在网络设备上部署远程管理。

5.4　理论知识

5.4.1　Telnet协议

　　Telnet协议是TCP/IP协议族中的一员，是Internet远程登录服务的标准协议。它为用户提供了在本地计算机上完成远程主机工作的能力。在终端使用者的电脑上使用telnet程序，用它连接到服务器。终端使用者可以在telnet程序中输入命令，这些命令会在服务器上运行，就像直接在服务器的控制台上输入一样，在本地就能控制服务器。要开始一个Telnet会话，首先必须输入用户名和密码来登录服务器。Telnet是常用的远程控制Web服务器的方法。

　　使用Telnet协议进行远程登录时，需要满足以下条件：

　　（1）在本地计算机上必须装有包含Telnet协议的客户程序；

　　（2）必须知道远程主机的IP地址或域名；

　　（3）必须知道登录标识与口令。

　　Telnet远程登录服务分为以下4个过程：

　　（1）本地与远程主机建立连接，且用户必须知道远程主机的IP地址或域名；该过程实际上是建立一个TCP连接；

　　（2）将本地终端上输入的用户名和口令及以后输入的任何命令或字符，以NVT（Net Virtual Terminal）格式传送到远程主机。该过程实际上是从本地主机向远程主机发送一个IP数据包；

　　（3）将远程主机输出的NVT格式的数据转化为本地所接收的格式送回本地终端，包括输入命令回显和命令执行结果；

　　（4）本地终端对远程主机进行撤销连接。该过程实际上是撤销一个TCP连接。

5.4.2　SSH协议

SSH协议最主要的部分是三个协议构成的基本框架：传输层协议、用户认证协议和连接协议。同时，SSH协议还为许多高层的网络安全应用协议提供扩展支持。它们之间的层次关系见图5-1。

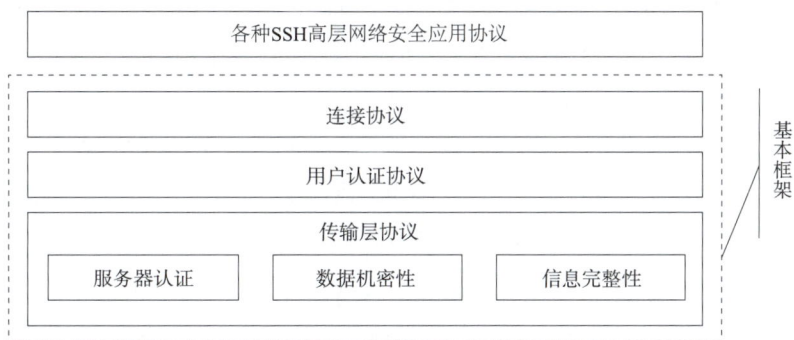

图5-1　SSH协议
的层次结构示意图

在SSH协议的基本框架中，传输层协议（The Transport Layer Protocol）提供对服务器认证、数据机密性、信息完整性等的支持；用户认证协议（The User Authentication Protocol）则为服务器提供客户端的身份鉴别；连接协议（The Connection Protocol）将加密的信息隧道复用成若干个逻辑通道，提供给更高层的应用协议使用。各种高层应用协议可以相对独立于SSH基本体系之外，并依靠这个基本框架，通过连接协议使用SSH的安全机制。

SSH的工作方式是利用客户端—服务器模型来对两个远程系统进行身份验证，并为在它们之间传递的数据加密，如图5-2所示。

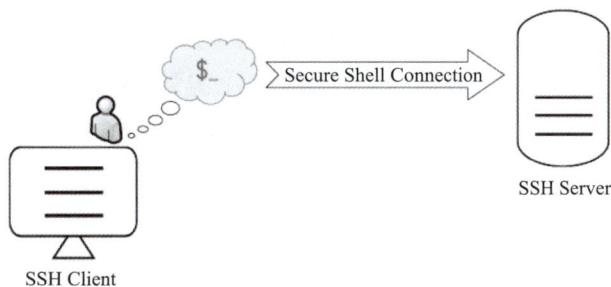

图5-2　SSH连接
建立

SSH默认情况下在TCP端口22上运行（可以根据需要更改），主机（服务器）在端口22（或任何其他SSH分配的端口）上侦听传入的连接。如果验证成功，它将对客户端进行身份验证，并打开正确的外壳环境来组织安全连接。

客户端必须通过与服务器启动 TCP 握手，确保安全地对称连接，验证服务器显示的身份是否与以前的记录（通常记录在 RSA 密钥存储文件中）匹配，并提供所需的用户凭据来开始 SSH 连接、验证连接。

建立连接有两个阶段：首先，两个系统都必须同意加密标准以保护将来的通信；其次，用户必须对自己进行身份验证。如果凭据匹配，则授予用户访问权限。

SSH 有两个版本。在版本 1 中，server 单纯地接受来自客户端的 private key，如果在连接过程中 private key 被取得，cracker 就可能在既有的连接当中插入一些攻击码，使得连接发生问题。

为了改进这个缺点，在 SSH 版本 2 中，server 不再重复产生 server key，而是在与客户端搭建 private key 时，利用 Diffie-Hellman 的演算方式，共同确认来搭建 private key，然后将该 private key 与 public key 组成一组加解密的金钥。同样，这组金钥也仅在本次的连接中有效。

透过这个机制可见，由于 server 与 client 两者之间共同搭建了 private key，若 private key 落入别人手中，server 端还会确认连接的一致性，使 cracker 没有机会插入有问题的攻击码。所以 SSH 版本 2 是比较安全的。

5.5　任务实施

5.5.1　在 IOS 上配置 Telnet

（1）本任务将使用一台 IOSv 路由器和一台 Windows 10 客户端，在 Windows 10 客户端上需要用到 putty.exe 工具。如图 5-3 所示，将客户端和路由器通过一根网络线连接。

图 5-3　Telnet 配置

（2）开始之前，先对网络设备进行初始化配置，参照表 5-1 中配置网络地址的相关信息。

表5-1　网络地址规划表

设备名	接口	网络地址	掩码
R1	Gi0/0	192.168.99.251	255.255.255.0
Windows 10	Ethernet0	192.168.99.100	255.255.255.0

（3）初始化设置，在所有网络设备上设置管理IP地址。

```
R1(config)#interface gi0/0
R1(config-if)#ip add 192.168.99.251 255.255.255.0
R1(config-if)#no shutdown
```

（4）为R1路由器设置Telnet连接许可，允许通过VTP 0-4接口进行登录。创建本地用户"admin"，密码为"P@ssw0rd123"用于远程登录身份验证。

```
R1(config)#username admin privilege 15 password P@ssw0rd123
R1(config)#line vty 0 4
R1(config-line)#login local
R1(config-line)#transport input telnet
R1(config-line)#end
```

（5）配置Windows 10的主机IP地址，如图5-4所示。

图5-4　配置主机IP地址

（6）在Windows 10上运行Putty软件，选择使用Telnet协议进行连接。测试路由器R1的Telnet登录。输入服务器地址192.168.99.251。连接成功后，按照提示输入用户名和登录口令即可登录。登录成功后，执行"show privilege"指令查看当前用户界面的管理等级，如图5-5所示。

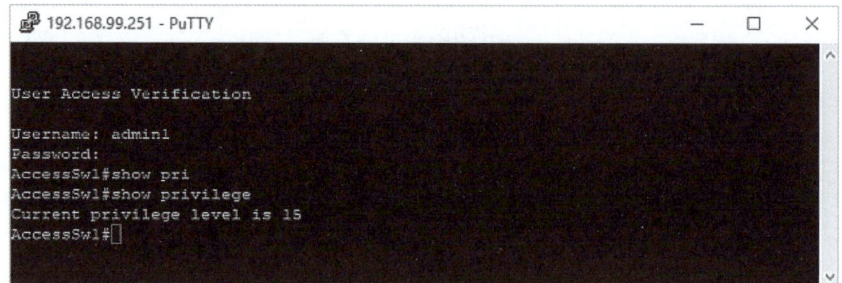

图5-5　Telnet远程管理登录界面

5.5.2　在IOS上配置SSH

（1）本任务将在5.5.1任务的基础上进行，把安全性较低的Telnet远程管理更改为安全性较高的SSH远程管理。

（2）启用SSH服务，首先需要创建SSH服务所需的密钥，创建密钥时需要更改设备的主机名和域名。

```
R1(config)#hostname R1
R1(config)#ip domain-name cisco.com
R1(config)#crypto key generate rsa modulus 2048 label ssh.key
```

（3）创建密钥成功后，如果不修改SSH的版本，则SSH的版本将默认设置为1.99，所以需要使用指令把SSH的版本更改为2。然后，在路由器的VTY配置模式中修改拨入类型，设置仅允许SSH拨入，最后创建SSH登录用户凭据。

```
R1(config)#ip ssh version 2
R1(config)#username admin1 privilege 15 password P@ssw0rd123
R1(config)#line vty 0 4
```

```
R1(config-line)#login local
R1(config-line)#transport input ssh
R1(config-line)#end
```

（4）在PC1上运行Putty软件，选择使用SSH协议进行连接。测试路由器R1的SSH登录。输入服务器地址192.168.99.251。首次连接会提示密钥信任信息，如图5-6所示。连接成功后，按照提示输入用户名和登录口令即可登录。

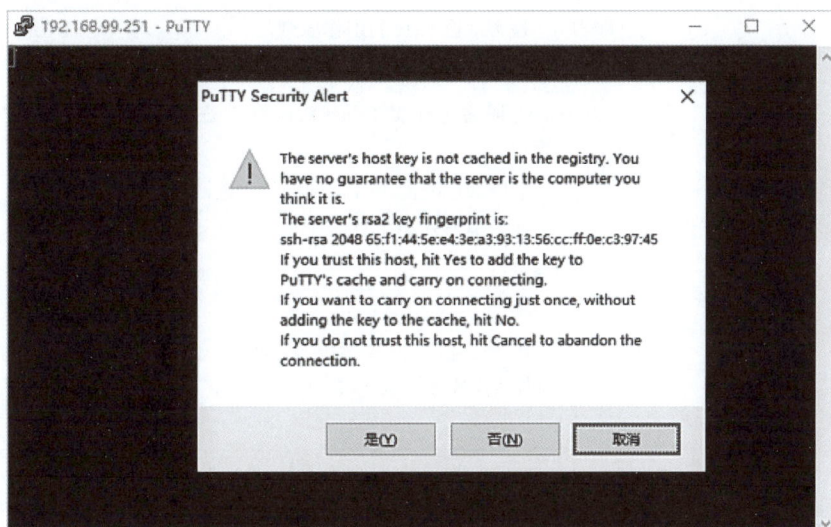

图5-6　提示SSH密钥信任

（5）登录成功后，执行"show privilege"指令查看当前用户界面的管理等级，如图5-7所示。

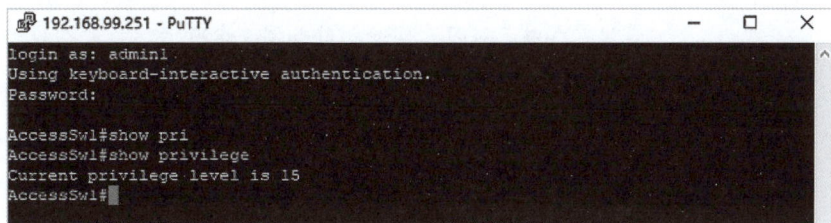

图5-7　SSH远程管理登录界面

5.6　任务评价

根据任务完成情况，进行学习任务综合评价，见表5-2。

表5-2 学习任务综合评价表

考核项目	评价内容	成绩（分）	评价分数		
			自我评价	小组评价	教师评价
职业素养	安全和责任意识强，遵守健康及安全标准	10			
	团队合作意识强，能与同学分享知识及专业技能	10			
	现场管理符合 8S 标准，做好定期整理工作	10			
专业能力	是否掌握 Telnet 的工作原理	10			
	是否掌握 Telnet 的配置和管理	10			
	是否掌握 SSH 的工作原理	10			
	是否掌握 SSH 的配置和管理	10			
工作成果	能够通过配置 Telnet 对网络设备进行远程管理	10			
	能够通过配置 SSH 对网络设备进行远程管理	10			
	能够通过抓包工具对比 Telnet 和 Ssh 的安全性	10			
总分		100			
综合评价	综合评价 = 自我评价 ×20%+ 小组评价 ×30%+ 教师评价 ×50%	教师签名			

思考练习

根据本章节所学知识，以及目前所掌握的知识，请查阅相关资料，尝试完成以下练习，实验拓扑如图5-8所示。参考拓扑进行搭建，IP 地址自行规划，最终实现在客户端PC1上远程管理R1网络设备，登录所需的用户身份验证，来自WIN2016服务器提供。可以在WIN2016设备上安装NPS服务器提供RADIUS身份验证。

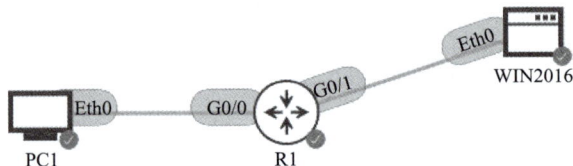

图5-8 远程访问思考练习拓扑

学习任务

6

地址解析协议（ARP）

6.1　任务引言

　　MAC 地址也被称为数据链路层，它负责在两个物理连接的设备之间建立和终止连接，以便进行数据传输。IP 地址也被称为网络层，负责通过不同路由器转发的数据包，当今最常用的 IP 是 IP 版本 4（IPv4）。地址解析协议（ARP）在这些层之间工作，是一种协议或程序，它将不断变化的 IP 地址连接到局域网（LAN）中的固定物理机地址，也称为 MAC 地址。IP 地址和 MAC 地址的长度不同，需要进行转换以便系统能够相互识别。IP 地址的长度为 32 位。而 MAC 地址的长度为 48 位。ARP 将 32 位地址转换为 48 位地址，反之亦然。

6.2　任务目标

　　（1）理解 ARP 协议的工作原理。
　　（2）掌握 ARP 解析过程的步骤和顺序。

（3）能够在Cisco Packet Tracer完成抓包实验。

6.3　任务情景

在Cisco Packet Tracer中新增两台主机和两台交换机，并通过直通线或者双绞线连接。通过模拟器的抓包工具，查看ICMP和ARP数据包的通信过程，观察主机之间是如何实现通信的。

6.4　理论知识

6.4.1　ARP工作概述

当一台新计算机加入LAN时，它将收到一个唯一的IP地址用于识别和通信。数据包到达网关，目的地是特定的主机。网关或网络上允许数据从一个网络流向另一个网络的硬件要求是ARP程序找到与IP地址匹配的MAC地址。ARP缓存包括每个IP地址及其匹配MAC地址的列表。ARP缓存是动态的，但网络上的用户也可以配置包含IP地址和MAC地址的静态ARP表。

ARP缓存保存在IPv4以太网网络中的所有操作系统上。每次设备请求MAC地址向连接到LAN的另一设备发送数据时，设备都会验证其ARP缓存以查看IP到MAC地址的连接是否已经完成。如果存在，则不需要新的请求。但是，如果尚未执行转换，则发送对网络地址的请求，并执行ARP。ARP缓存大小受设计限制，IP地址往往仅在缓存中停留几分钟，它会定期清除缓存以释放空间。这种设计还旨在保护用户的隐私和安全，以防止IP地址被网络攻击者窃取或欺骗。虽然MAC地址是固定的，但IP地址会不断更新。

在清除过程中，未使用的地址会被删除，与未连接到网络或未开机的计算机进行通信失败的任何相关数据也会被删除。

6.4.2　ARP类型

（1）代理ARP：代理ARP是一种技术，对于没有配置缺省网关的计算机，要和其他网络中的计算机实现通信，网关收到源计算机的ARP请求，会使用自己的MAC地址与目标计算机的IP地址对源计算机进行应答。

（2）免费ARP：免费ARP几乎就像一个管理程序，作为网络上的主机，以简单地宣布或更新其IP到MAC地址的方式来执行。将IP地址转换为MAC地址的ARP请求不会提示免费ARP。

（3）反向地址解析协议（RARP）：不知道自己IP地址的主机可以使用RARP进行发现。

（4）反向地址转换协议（IARP）：ARP使用IP地址查找MAC地址，而IARP使用MAC地址查找IP地址。

6.5　任务实施

（1）本任务将在Cisco Packet Tracer中进行，如图6-1所示，在两台客户端中配置IP地址，然后打开"Simulation"模式，并点击"Show All/None"选项，取消选择所有的数据包，接着点击"Edit Filters"，在该页面中找到"IPv4"选项卡，在该选项卡中找到"ICMP"和"ARP"。

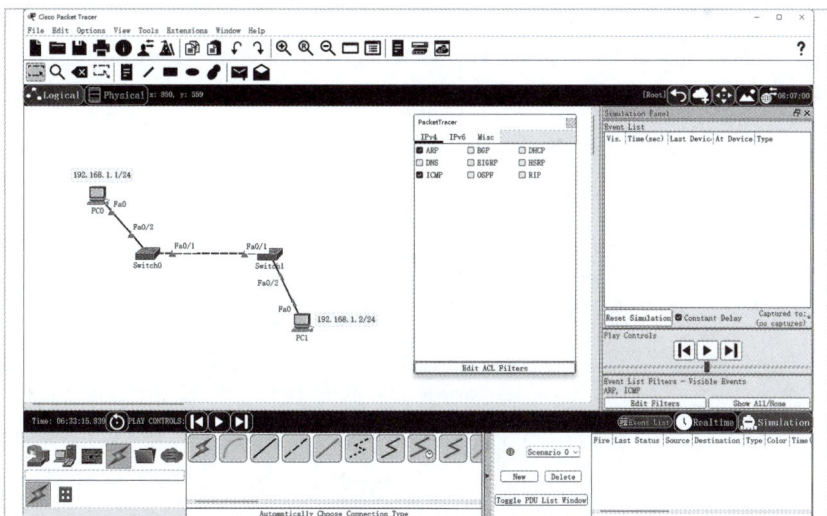

图6-1　局域网主机通信过程

（2）在操作台上点击"PC0"，在"Desktop"选项卡中打开网络设置，然后在IP配置中输入IP地址和子网掩码，当输入的IP地址和子

网掩码正常后，此时在抓包区中会弹出一个数据包。把鼠标移动到该数据包上，双击打开，如图6-2所示。在抓取到的数据包中可以看到PC0发出了一个ARP数据包，MAC地址由"0001.C722.2623"到"FFFF.FFFF.FFFF"，IP地址由"192.168.1.1"到"192.168.1.1"。正如我们前文提到的，这种类型的ARP就是"免费ARP"。

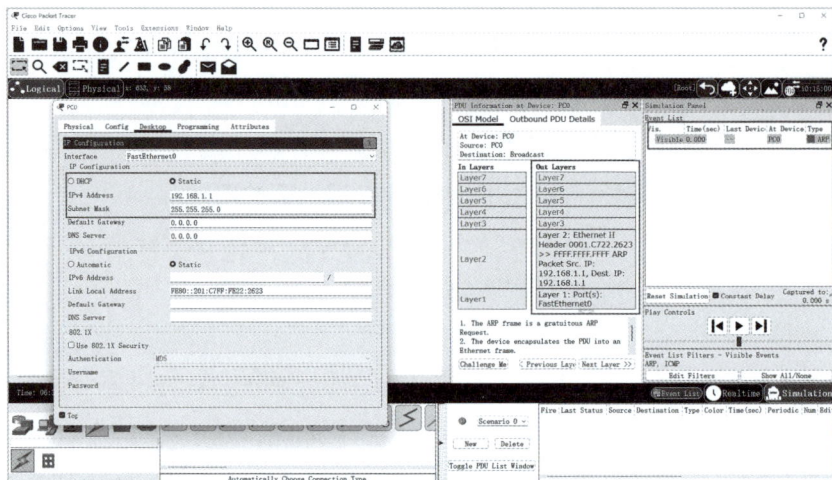

图6-2　免费ARP

（3）以PC1和PC0同样的操作配置IP地址。

（4）在PC1上发起ICMP测试。

```
C:\>ping -n 2 192.168.1.1
```

（5）在Play Controls中点击前进按钮，使数据包按照步骤发送，如图6-3所示。

图6-3　Play Controls

（6）通过抓取的数据包来分析主机之间的通信过程。在发起连接之前，PC1已经知道PC0的IP地址，但是不知道PC0的MAC地址。当前网络通信主要通过以太网进行，在以太网通信就需要知道MAC地址，才能够完成二层帧的封装。如图6-4所示，源IP地址为"192.168.1.2"，目标IP地址为"192.168.1.1"，源MAC地址为

"0090.2143.7D65"，目标 MAC 地址为"FFFF.FFFF.FFF"，该数据包类型为广播 ARP。

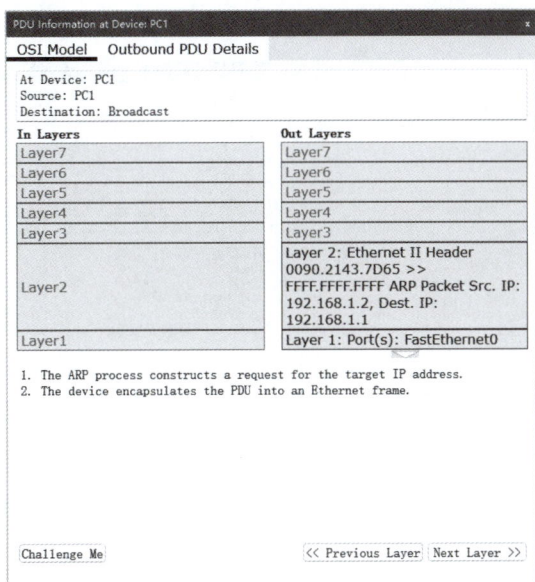

图6-4　广播ARP

（7）数据包来到 Switch1，如图 6-5 所示，数据包从交换机的 FastEthernet0/2 接收，然后从 FastEthernet0/1 转发出去。交换机在处理数据包时，并不会更改数据包的任何信息，包括 IP 地址信息和 MAC 地址信息，都保持一致。

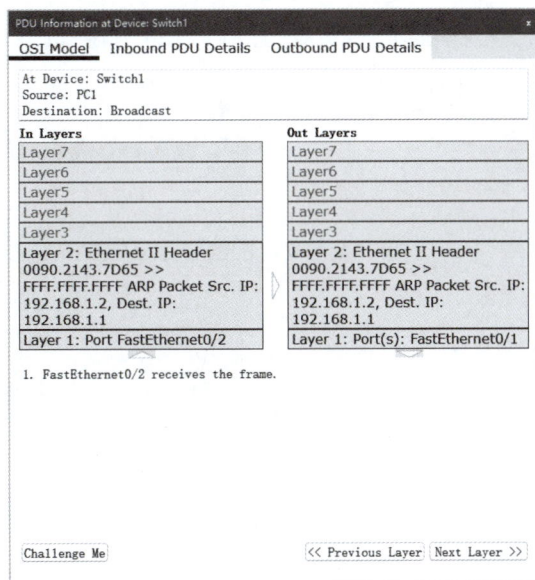

图6-5　交换机Switch1转发数据包

（8）数据包从Switch1转发到Switch0，此时数据包从交换机的FastEthernet0/1接收，然后从FastEthernet0/2转发出去，如图6-6所示。

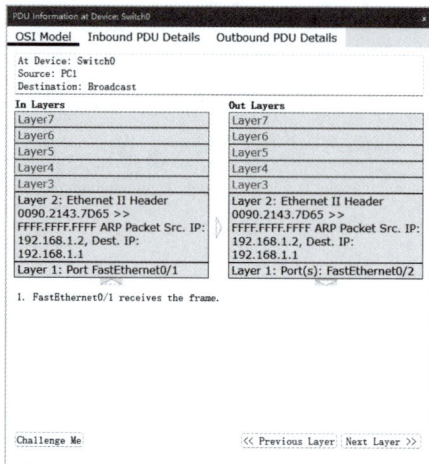

图6-6　交换机Switch0转发数据包

（9）数据包由交换机Switch0发送给PC0后，主机在其端口上收到源IP地址为"192.168.1.2"，目标IP地址为"192.168.1.1"，源MAC地址为"0090.2143.7D65"，目标MAC地址为"FFFF.FFFF.FFF"的ARP消息。此时作为目标IP地址为"192.168.1.1"的主机PC0将会响应该ARP广播，并生成新的数据包，源IP地址为"192.168.1.1"，目标IP地址为"192.168.1.2"，源MAC地址为"0001.C722.2623"，目标MAC地址为"0090.2143.7D65"，并由其FastEthernet0端口发出，如图6-7所示。

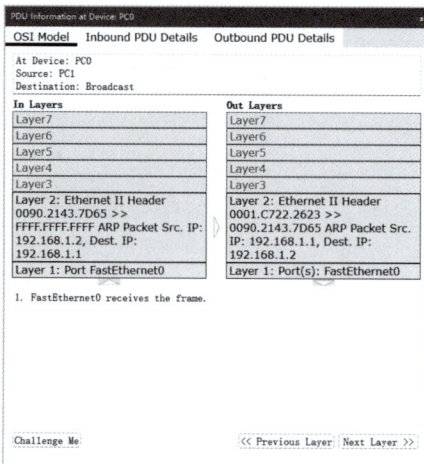

图6-7　PC0相应广播ARP

（10）数据包到达交换机Switch0后，交换机将读取数据包的Layer2头部，在头部信息中读取目标MAC地址作为转发依据。如图6-8所示，数据包将从FastEthernet0/1转发出去。

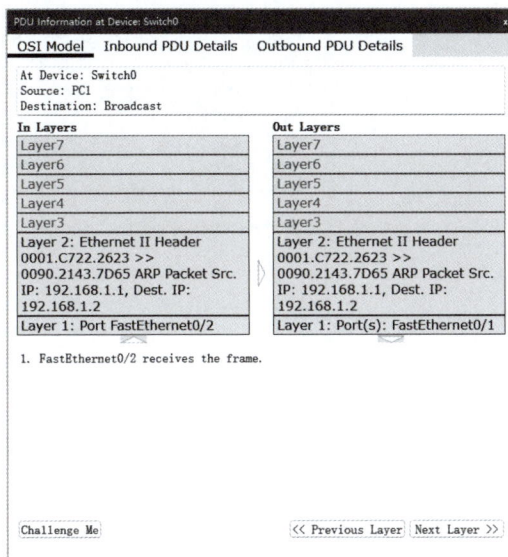

图6-8　交换机Switch0转发数据包

（11）可以在交换机Switch0上执行"show"指令，查看交换机的MAC地址表。在输出内容中可以找到"0090.2143.7d65"MAC地址，其对应的端口是Fa0/1。

```
Switch0#show mac-address-table dynamic
Mac Address Table
--------------------------------------------
VlanMACAddress Type Ports
---- ----------- -------- -----
1 0001.c722.2623 DYNAMIC Fa0/2
1 0007.eca0.8901 DYNAMIC Fa0/1
1 0090.2143.7d65 DYNAMIC Fa0/1
```

（12）数据包由Switch0转发到Switch1，此时Switch1和Switch0的操作相同，交换机将根据目标MAC地址查找出接口。图6-9所示为数据包转发路径。

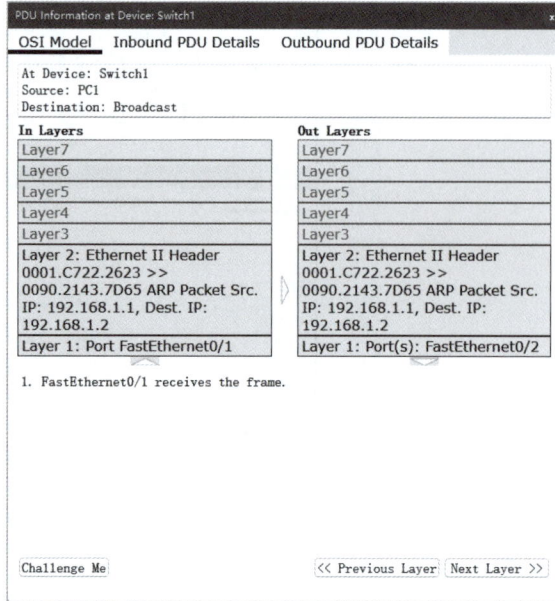

图6-9　交换机Swi-
tch1数据包转发路径

（13）数据包由交换机Switch1转发到PC1，此时由PC1发起的ARP查询已完成。如图6-10所示，PC1获得"192.168.1.2"地址对应的MAC地址为"0090.2143.7D65"。

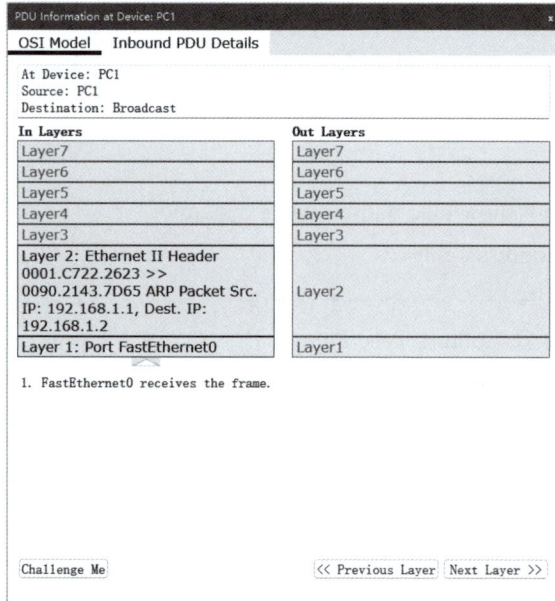

图6-10　客户端PC1
完成ARP解析

（14）此时，客户端PC1将使用获得的MAC地址完成ICMP数据包的封装，如图6-11所示。

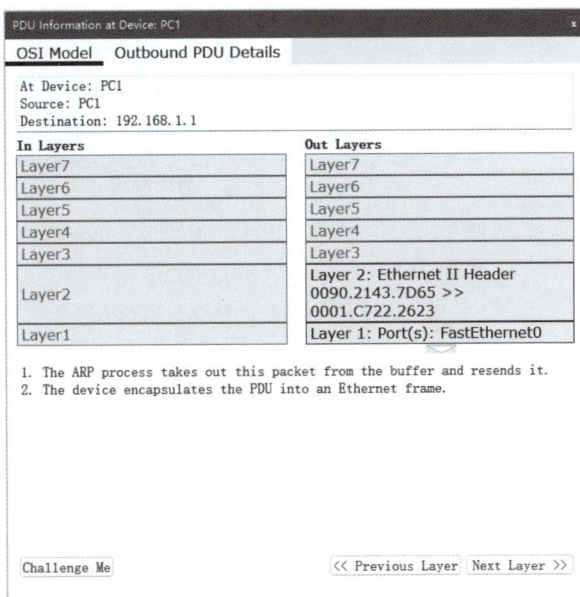

图6-11　客户端PC1
发起ICMP请求

（15）打开客户端的命令行终端，PING测试结果正常回显，通信成功，如图6-12所示。

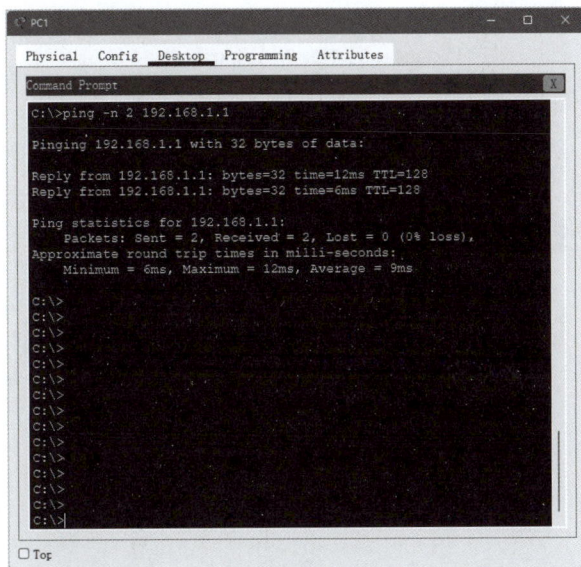

图6-12　客户端PC1
完成连通性测试

6.6　任务评价

根据任务完成情况，进行学习任务综合评价，见表6-1。

表6-1 学习任务综合评价表

考核项目	评价内容	成绩（分）	评价分数		
			自我评价	小组评价	教师评价
职业素养	安全和责任意识强，遵守健康及安全标准	10			
	团队合作意识强，能与同学分享知识及专业技能	10			
	现场管理符合 8S 标准，做好定期整理工作	10			
专业能力	是否理解 MAC 地址和 IP 地址的区别	10			
	是否理解 ARP 解析的作用和意义	10			
	是否能够通过抓包工具查看整个 ARP 解析的过程	10			
	是否掌握 ARP 消息类型的管理	10			
工作成果	能够把 ARP 的工作过程通过抓包工具进行查看	10			
	能够在网络设备上管理 ARP 消息的发送	10			
	能够在网络设备上管理 ARP 解析地址表	10			
总分		100			
综合评价	综合评价 = 自我评价 ×20%+ 小组评价 ×30%+ 教师评价 ×50%	教师签名			

思考练习

　　根据本章所学知识，查阅资料，掌握如何在 Windows、Linux、网络设备上查看设备网络接口的 MAC 地址、ARP 解析表。

7

域名解析系统（DNS）

7.1 任务引言

DNS（Domain Name System）即域名解析系统，主要功能是将人们易于记忆的域名（Domain Name）与不容易记忆的IP地址进行转换。DNS记录中，除主机名和IP地址外，还有一些其他信息。在网络中执行DNS服务的主机称为DNS服务器（域名服务器），DNS服务器除了可将域名转换成IP地址外（俗称"正向解析"），还可以将IP地址转换成域名（俗称"逆向解析"）。

7.2 任务目标

（1）能够理解DNS的工作过程。

（2）能够在网络设备中部署DNS服务器。

（3）能够在客户端上配置DNS服务器，进行域名解析。

7.3　任务情景

　　本任务将通过路由器作为客户端的域名解析服务器，在iosv路由器上部署DNS域名解析，客户端desktop将通过iosv的DNS解析访问到server服务器上的Web站点，如图7-1所示。

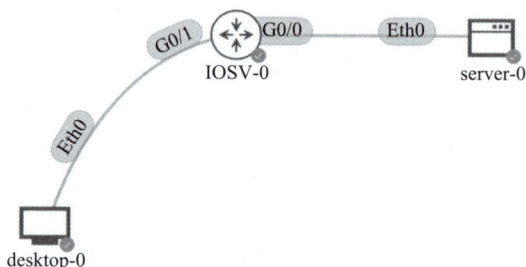

图7-1　基于路由器
部署DNS域名解析

7.4　理论知识

7.4.1　DNS工作原理

　　DNS是一种应用于TCP/IP应用程序的全球分布式数据库。在Internet上，单个站点不能拥有Internet上所有的信息。每个站点（如某所大学、某间公司）分别保留自己的信息数据库，并提供给Internet上的客户查询。DNS的域是一种分布式的层次结构系统，这种结构类似于UNIX文件系统的层次结构，根的名字以空标签（"　"）表示，并被称为根域（root domain）。

　　顶级域有两种划分方法：地理区域和通用域。地理区域为世界上每个国家或地区设置，由ISO-3166定义。例如，中国是cn，美国是us，日本是jp。通用域是按照机构类别设置的顶级域，主要包括com（商业组织）、edu（教育机构）等。另外，随着互联网的不断发展，新的通用顶级域名也根据实际需要不断被扩充到现有的域名体系中。新增加的通用顶级域名如biz（商业）、info（信息行业）等。

　　在顶级域名下还可以根据需要定义次一级的域名，例如，在我国的顶级域名cn下设立了com、net、org、gov、edu、ac等域名，以及我国各个行政区划的字母代表，如bj代表北京，sh代表上海等。

域名空间是指Internet上所有主机的主机名组成的空间。每一个主机名及其IP地址存储在一台或多台DNS服务器中，以便Internet中的其他用户可以通过计算机名来搜索相应主机的IP地址。一个域（Domain）一般是指整个域名空间的一个子树。

域名空间是指表示DNS这个分布式数据库的逆向树型层次结构，完整域名包括从树叶节点到根节点的所有路径，各节点用分隔符"."按顺序连接起来。例如"www.sina.com.cn."，其中，"."代表根域（当"."出现在域名的最右边时，还表示其右边有代表根的空标签"　"，也可以用最右边的"."来表示根），"cn"为顶级域，"com"为二级域，"sina"为三级域，"www"为主机名。具体如图7-2所示。

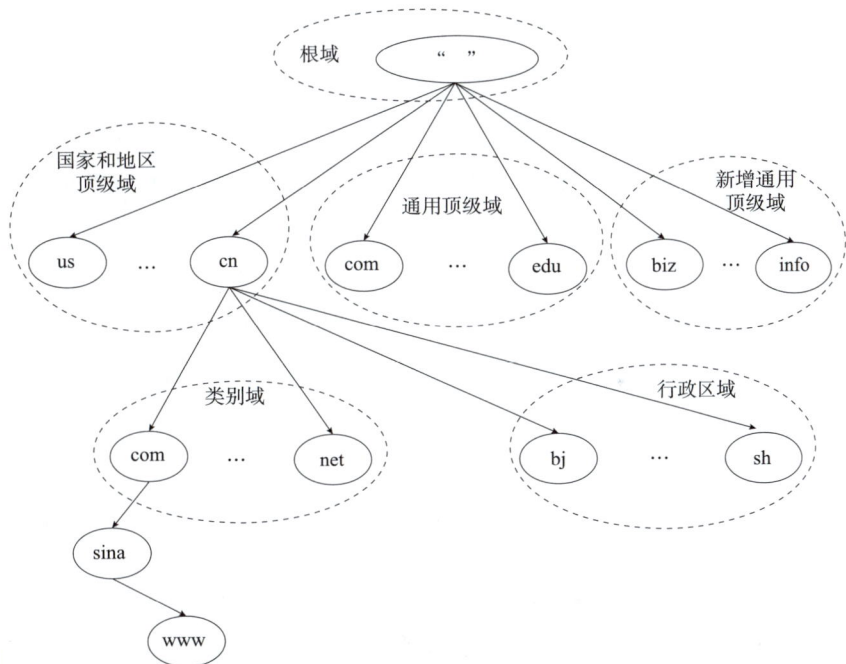

图7-2　域名结构

Internet上主机的域名和地址解析主要由DNS域名服务器完成。DNS域名空间主要存在以下几种DNS服务器形式。

（1）根服务器：用"."表示，位于整个域名空间的最上层，主要用来管理根域和顶级域名。目前，世界上一共有13台计算机可以作为根服务器。

（2）缓存域名服务器：在域名系统中，所有的域名服务器都把非它们授权管理的远程域名信息保存在自己的缓存中。遇到域名查询时，首先查找缓存中的记录，如果发现该记录，则把结果返回给客户端；如果没有找到，则按照DNS的查找规则进一步查找。缓存服务器只用来缓存DNS域的信息，而没有本地的域名数据库，则不管理任何域名信息。

（3）主域名服务器：每个域都必须有一个主域名服务器。该域的所有DNS数据库文件的修改都在这台服务器上进行。主域名服务器管理对其子域的授权，并且对该域中的辅助域名服务器进行周期性的更新和同步。

（4）辅助域名服务器：每个域至少应该有一个辅助域名服务器。辅助域名服务器从相应主域名服务器获得所有域名数据库文件的拷贝，并对所服务的域提供和主域名服务器一样的授权信息。

（5）转发域名服务器：是主域名服务器和辅助域名服务器的一种变形，负责所有非本地域名的非本地查询。如果在网络中存在一台转发域名服务器，则所有对于非本地域名的查询都将先转发给它，再由转发域名服务器进行域名解析。

许多网络操作系统（Linux、Windows等）都存在一个hosts文件，hosts文件包括域名和IP地址的对应信息。当一台计算机需要通过域名定位网络上的另一台计算机时，往往先查看本地hosts文件。在Linux系统中，hosts文件在"/etc/"目录下。"/etc/hosts"文件用来指定系统中域名和IP地址的静态对应关系，一般格式如下。

```
# cat /etc/hosts
127.0.0.1       localhost localhost.localdomain localhost4 localhost4.localdomain4
::1             localhost localhost.localdomain localhost6 localhost6.localdomain6
172.16.1.100  www.example.com
```

Linux中hosts配置文件格式主要分为三个部分，分别是网络IP地址、主机名或域名和主机名别名。当然每行也可以是两部分，即主机IP地址和主机名。主机名和域名的区别在于，主机名通常在局域网内使用，通过hosts配置文件被解析到对应IP地址中；域名通常在互联网上使用，但如果本机不想使用互联网上的域名解析，这时就可以更改

hosts配置文件，加入自己的域名解析。

7.4.2　域名查询解析过程

以解析www.example.com域名为例，分析域名查询解析过程。当系统需要调用www.example.com主机的资料时，发送一个查询www.example.com域名的指令，如图7-3所示。

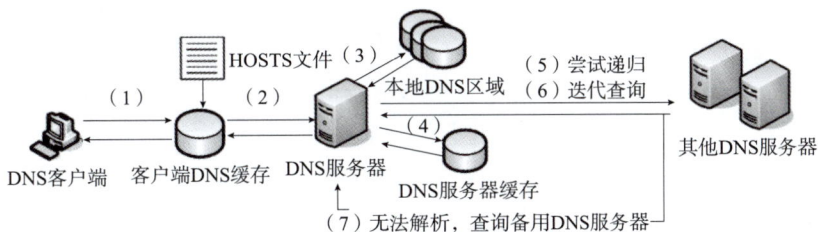

图7-3　域名查询过程图

域名查询解析过程具体如下：

（1）系统中存在一个hosts文件，可以用来解析域名。可以在系统中定义查找域名的顺序（先查找hosts文件，或先查找DNS服务器），一般设置先查找hosts文件，如果在hosts文件中发现www.example.com的记录，则直接返回结果；如果hosts文件中没有发现记录，则把该查询指令转发到系统指定的域名服务器进行DNS查询。

（2）域名服务器在自己的缓存中查找相应的域名记录，如果存在该记录，则返回结果；如果没有找到，则把这个查询指令转发到根域名服务器。

（3）根据递归查询的规则，根域名服务器只能返回顶级域名com，并把能够解析com的域名服务器地址告诉客户机。

（4）根据返回信息，客户机继续向com域名服务器发送递归请求，收到请求后，能正确返回example.com域名信息的域名服务器再把相关信息返回给客户机。

（5）客户机再次向example.com的域名服务器发送递归请求，收到请求的服务器再次进行解析。此时，该服务器已经能够将www.example.com域名完全解析到一个IP地址，并把这个IP地址返回。

7.4.3　DNS服务资源记录

DNS的服务管理层次结构允许将整个域名空间的管理任务分成多份，分别由每个子域自行管理。被委托子域有自己的域名服务器，负责维护属于该子域的所有主机信息。父域的域名服务器不保留子域的所有信息，只保留指向子域的指针。域和子域的实际信息包含在区数据文件（zonefile）中。

域和子域指域名空间的逻辑分区，区指域名服务器含有的域名空间中某一部分的完整信息。一个域内可以有多个区。区数据文件是一套包含某个区域内机器信息的文本，其格式是资源记录（resource record），这些记录表示主机及其IP地址的映射方法。

常用的DNS资源记录如表7-1所示。

表7-1　主要资源记录的类型

类型	名字	说明
SOA	Start of Authority	存储在某个区数据文件中的信息要应用的域
A	Address	定义主机名到IP地址的映射
CNAME	Canonical Name	为主机名定义别名
MX	Mail Exchanger	指定某个主机负责邮件交换
PTR	Pointer	定义逆向的IP地址到主机名的映射
TXT	Text	描述某个主机的形式自由的文本串

7.5　任务实施

（1）任务开始之前，先对网络设备进行初始化配置，参照表7-2配置网络地址的相关信息。

表7-2　网络地址规划表

设备名	接口	网络地址	掩码
iosv-0	Gi0/0	100.0.0.254	255.255.255.0
	Gi0/1	192.168.0.254	255.255.255.0
Windows 10	Ethernet0	192.168.0.10	255.255.255.0
Windows Server	Ethernet0	100.0.0.1	255.255.255.0

（2）在Windows Server上配置网络地址，使用"ncpa.cpl"打开网络连接中心，找到"Ethernet0"，鼠标右键点击"Ethernet0属性"，找到"Internet协议版本4（TCP/IPv4）"，然后打开该协议的属性配置网络地址，如图7-4所示。

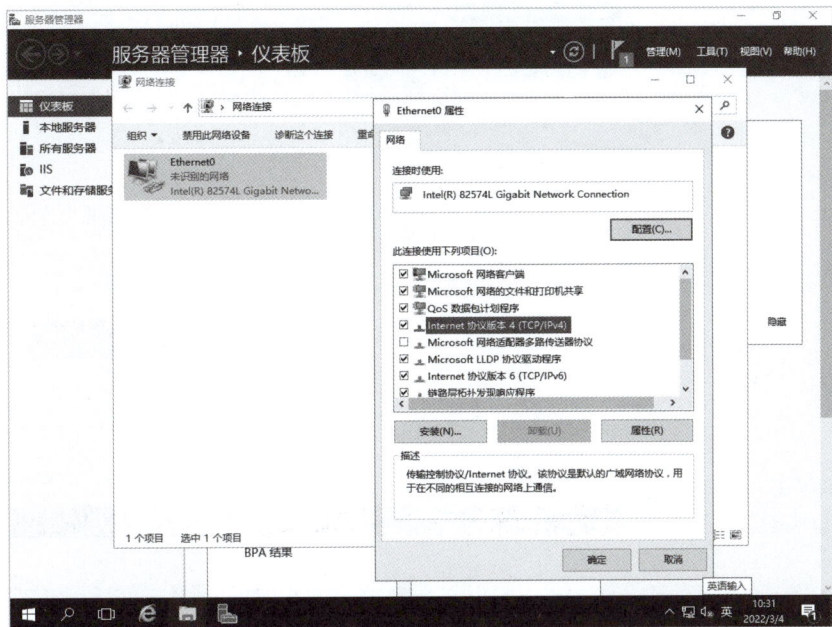

图7-4　服务器配置网络地址

（3）在Windows Server上配置网络地址即可，可以不设置DNS服务器地址，如图7-5所示。

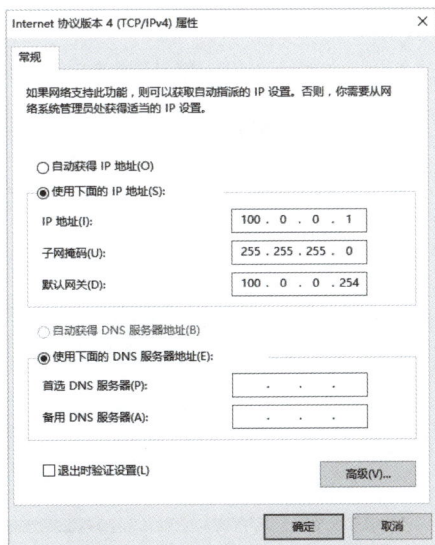

图7-5　网络地址配置

（4）在Windows Server上打开服务器管理器仪表盘，找到"添加角色和功能"选项，如图7-6所示。

图7-6　服务器管理器仪表盘

（5）打开"添加角色和功能"后点击"下一步"，直到在"服务器角色"中找到"Web服务器（IIS）"，点击"下一步"，如图7-7所示。

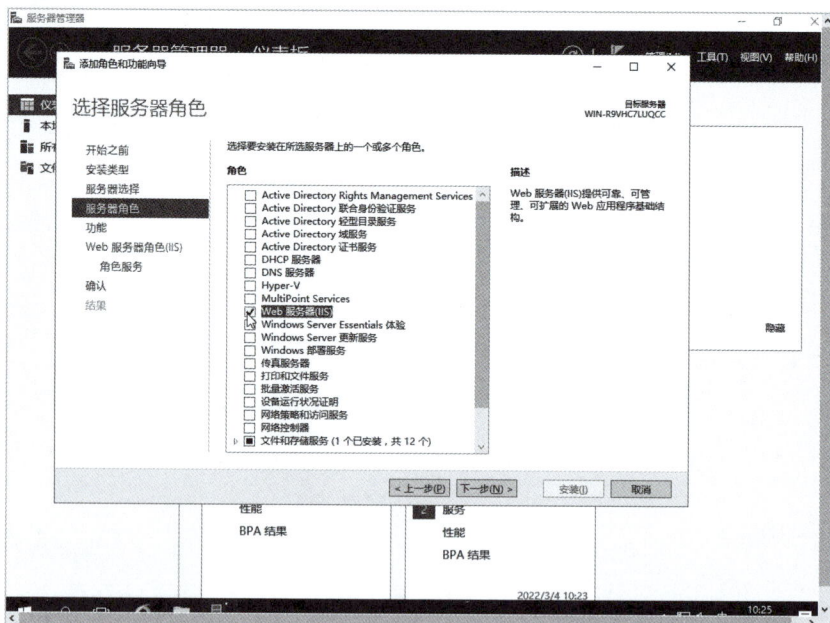

图7-7　找到Web服务器（IIS）

（6）找到"Web 服务器（IIS）"后，点击"下一步"（本任务只需要保持默认配置即可），然后在"确认"选项卡中找到"安装"选项并点击，即可开始安装 Web 服务器，如图7-8所示。Web 服务器安装成功后会自动运行。

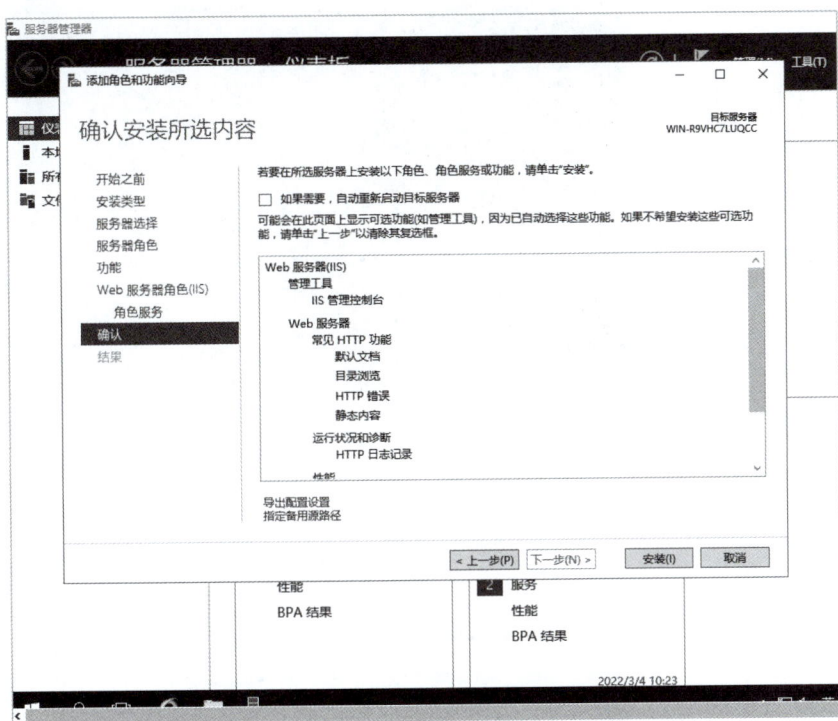

图7-8　安装Web
服务器（IIS）

（7）初始化路由器后，在路由器上启用DNS服务，并创建"www.example.com"域名，解析到"100.0.0.1"。

```
iosv-0(config)#ip dns server
iosv-0(config)#ip host www.example.com 100.0.0.1
```

（8）在解析结果成功返回后，打开浏览器，在浏览器中访问"http://www.example.com"进行测试，如图7-9所示。

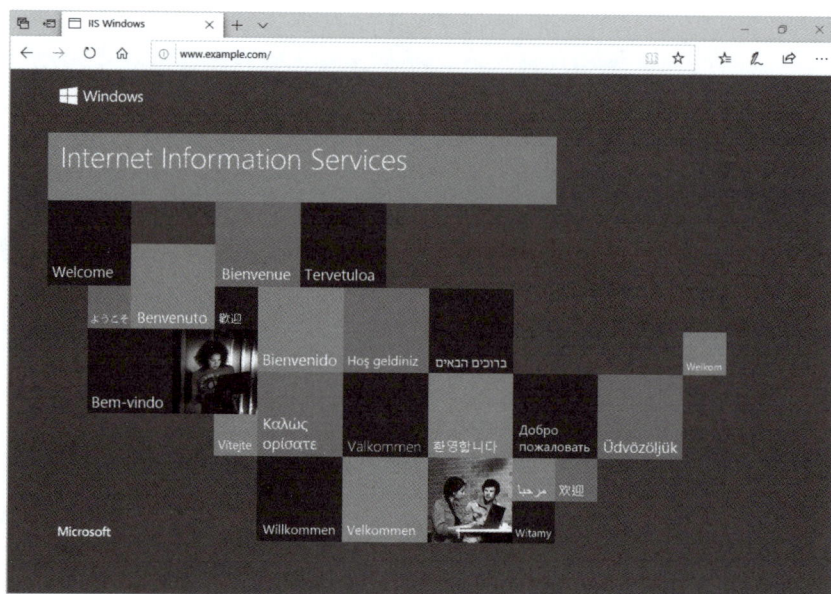

图 7-9　Web 访问测试

7.6　任务评价

根据任务完成情况，进行学习任务综合评价，见表7-3。

表7-3　学习任务综合评价表

考核项目	评价内容	成绩（分）	评价分数		
			自我评价	小组评价	教师评价
职业素养	安全和责任意识强，遵守健康及安全标准	10			
	团队合作意识强，能与同学分享知识及专业技能	10			
	现场管理符合 8S 标准，做好定期整理工作	10			
专业能力	是否理解 DNS 的工作原理	10			
	是否掌握 Windows 主机的域名解析过程	10			
	是否理解 DNS 的层级管理	10			
	是否能够理解 DNS 的解析记录的作用	10			
工作成果	能够在网络设备上配置 DNS 服务器	10			
	能够在客户端上配置 DNS 解析	10			
	能够完成本章的任务实施	10			
总分		100			
综合评价	综合评价 = 自我评价 ×20%+ 小组评价 ×30%+ 教师评价 ×50%	教师签名			

学习任务

8

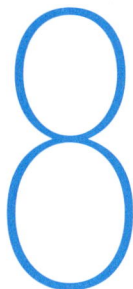

动态主机分配协议
（DHCP）

8.1 任务引言

随着网络规模的不断扩大，管理员必须确保所有设备都正确配置并连接到网络中。如果管理员手动为每台设备分配IP地址，设备繁多时容易出错，此时DHCP可以解决该问题。DHCP是一种网络管理协议，其中，服务器为网络上的所有设备动态分配IP地址和相关信息，以进行有效通信。不仅可以为动态主机分配IP地址，还可以配置默认网关、子网掩码、域名服务器和其他相关网络参数。

8.2 任务目标

（1）能够理解DHCP的部署意义。

（2）能够理解DHCP的工作过程。

（3）能够掌握在网络设备上部署DHCP服务器的方法。

8.3　任务情景

　　本任务将iosv-0路由器作为desktop-0客户端的DHCP服务器，如图8-1所示。DHCP服务器将为DHCP客户端分配的网段为192.168.0.0/24，配置地址保留功能只有192.168.0.10~192.168.0.90范围的IP允许动态分配给客户端。

图8-1　基于路由器
部署DHCP服务器

8.4　理论知识

8.4.1　DHCP的实现流程

　　（1）客户端在局域网内发起一个DHCP Discover包，目的是想发现能够给它提供IP的DHCP服务器。

　　（2）可用的DHCP服务器接收到Discover包之后，通过发送DHCP Offer包给予客户端应答，意在告诉客户端它可以提供IP地址。

　　（3）客户端接收到Offer包之后，发送DHCP Request包请求分配IP。

　　（4）DHCP服务器发送ACK数据包，确认信息。

8.4.2　DHCP报文

　　（1）DHCP DISCOVER：客户端开始DHCP过程发送的包，是DHCP协议的开始。

　　（2）DHCP OFFER：服务器接收到DHCP DISCOVER之后作出的响应，它包括了给予客户端的IP地址、客户端的MAC地址、租约过期时间、服务器的识别符以及其他信息。

（3）DHCP REQUEST：客户端对于服务器发出的DHCP OFFER所作出的响应，在续约租期的时候同样会使用。

（4）DHCP ACK：服务器在接收到客户端发来的DHCP RE-QUEST之后，发出成功确认的报文。在建立连接的时候，客户端在接收到这个报文之后才会确认分配给它的IP地址和其他信息可以被允许使用。

（5）DHCP NAK：与DHCP ACK的相反的报文，表示服务器拒绝了客户端的请求。

（6）DHCP RELEASE：一般出现在客户端关机、下线等状况发生时。这个报文将会使DHCP服务器释放发出此报文的客户端的IP地址。

（7）DHCP INFORM：客户端发出地向服务器请求一些信息的报文。

（8）DHCP DECLINE：当客户端发现服务器分配的IP地址无法使用（如IP地址冲突）时，将发出此报文，通知服务器禁止使用该IP地址。

8.5　任务实施

（1）任务开始之前，先对网络设备进行初始化配置，参照表8-1配置网络地址的相关信息。

表8-1　网络地址规划表

设备名	接口	网络地址	掩码
iosv-0	Gi0/1	192.168.0.254	255.255.255.0
desktop-0	Eth0	通过 dhcp 获取	通过 dhcp 获取

（2）在iosv-0上创建DHCP地址池，命名为"test-pool"，使用"network"指令宣告当前地址池的网段信息，使用"default-router"指令设置网关地址，使用"dns-server"指令设置DNS服务器地址，使用"option"选项可以自定义选项信息，创建class，然后在class中设定该地址池的范围。

```
iosv-0(config)#ip dhcp pool test-pool
iosv-0(dhcp-config)#network 192.168.0.0 255.255.255.0
```

```
iosv-0(dhcp-config)#default-router 192.168.0.254
iosv-0(dhcp-config)#dns-server 114.114.114.114
iosv-0(dhcp-config)#option 150IP192.168.0.254
iosv-0(dhcp-config)#class test
iosv-0(config-dhcp-pool-class)#address range 192.168.0.10 192.168.0.90
iosv-0(config-dhcp-pool-class)#exit
iosv-0(dhcp-config)#exit
```

（3）在客户端上进行测试，通过"cat"指令查看当前客户端的网卡配置，然后使用IP指令查看当前网卡获取的地址，这里客户端获得的地址为"192.168.0.10"，然后用"cat"指令查看DNS服务器地址的配置文件，最后再次用IP指令查看默认网关。如图8-2所示，客户端通过DHCP获得IP地址和各种配置选项。

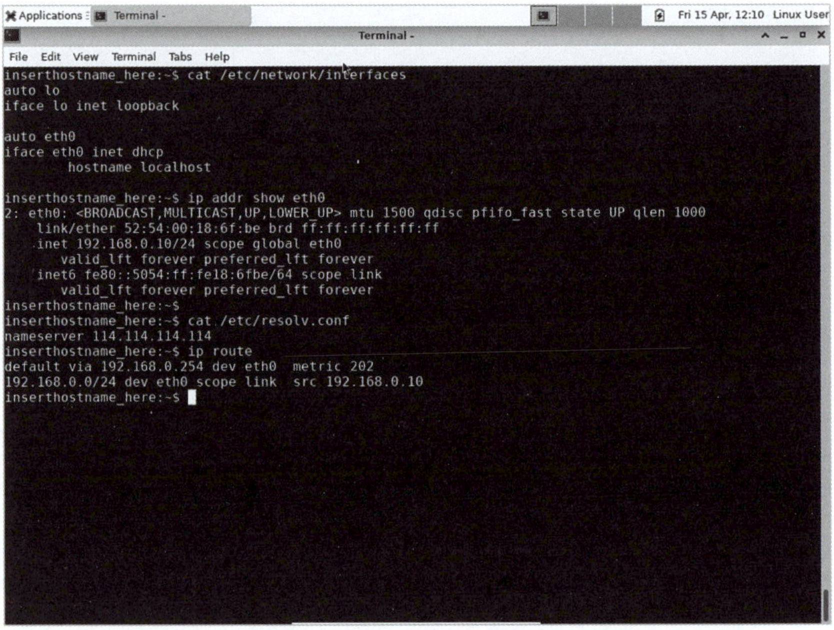

图8-2 客户端
DHCP测试结果

（4）在路由器上使用"show"指令检查客户端的分配情况。

```
iosv-0#showIPdhcp binding
Bindings from all pools not associated with VRF:
IP address        Client-ID/        Lease expiration        Type
```

```
Hardware address/
User name
192.168.0.10      0152.5400.186f.be      Apr 16 2022 11:57 AM  Automatic
```

（5）可以配置DHCP地址池的排除管理，指令中排除了192.168.0.20～192.168.0.30的地址，此时客户端可分配的地址只有192.168.0.10～192.168.0.19，192.168.0.31～192.168.0.90。

```
iosv-0(config)#ip dhcp excluded-address 192.168.0.20 192.168.0.30
```

8.6 任务评价

根据任务完成情况，进行学习任务综合评价，见表8-2。

表8-2 学习任务综合评价表

考核项目	评价内容	成绩（分）	评价分数		
			自我评价	小组评价	教师评价
职业素养	安全和责任意识强，遵守健康及安全标准	10			
	团队合作意识强，能与同学分享知识及专业技能	10			
	现场管理符合 8S 标准，做好定期整理工作	10			
专业能力	是否理解 DHCP 的作用和意义	10			
	是否理解 DHCP 的工作过程	10			
	是否理解 DHCP 中继的作用和意义	10			
	是否能够为 DHCP 客户端配置 DHCP 服务	10			
工作成果	能够在网络设备上配置 DHCP 服务器端	10			
	能够在网络设备上配置 DHCP 中继服务器端	10			
	能够为终端设备配置 DHCP 并管理客户端地址	10			
总分		100			
综合评价	综合评价 = 自我评价 ×20%+ 小组评价 ×30%+ 教师评价 ×50%	教师签名			

8.7 扩展知识

在大型网络中，可能会存在多个网段。DHCP客户机通过网络广播消息获得DHCP服务器的响应后得到IP地址，但广播消息是不能跨越网段的。因此，DHCP客户机和服务器在不同的网段内时，客户机向服务器申请IP地址就要用到DHCP中继代理。DHCP中继代理实际上是一种软件技术，安装在DHCP中继代理的设备（如路由器、交换机、服务器）称为DHCP中继代理服务器，用来承担不同网段间的DHCP客户机和服务器的通信任务。

在路由器上为某个接口提供DHCP中继服务，配置指令为"ip helper-address"，指令后面指定的IP地址为提供DHCP服务的服务器地址。

```
Router(config)#interface gigabitEthernet 0/0
Router(config-if)#ip helper-address 10.0.0.1
```

思考练习

根据本章所学知识，完成以下练习，配置iosv-1路由器作为客户端的DHCP服务器，将iosv-0作为中继服务器。如图8-3所示，客户端需要向中继服务器iosv-0提出DHCP请求，然后iosv-0把该请求发送给iosv-1。参考拓扑进行搭建，IP地址自行规划。

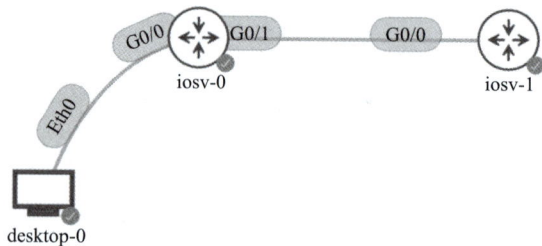

图8-3 基于路由器部署DHCP服务器和中继服务器

第二部分

中小型局域网构建

中小型局域网通常指办公室、实验室、网络教室等占地空间小、规模小、组网经费少的计算机网络。在第一部分已经介绍了网络的组成和基本工作原理，接下来我们将从局域网的构建方案以及应用技能等方面进行实践讲解。

静态路由

动态路由

访问控制列表

网络地址转换

VLAN 和 TRUNK

VTP 服务

生成树协议

端口安全

链路聚合管理

SNMP 管理

9

静态路由

9.1　任务引言

路由表，指的是路由器或者其他互联网网络设备上存储的IP地址信息表，该表中存有到达特定网络终端的路径，在某些情况下，还有一些与这些路径相关的度量。简单来说，路由表实际上是在路由器中维护的目的地网络的集合。

9.2　任务目标

（1）能够理解路由转发的作用。

（2）能够理解路由转发的工作原理。

（3）能够理解静态路由的配置和管理。

9.3　任务情景

本任务将模拟主机在不同网络中的通信，现添加两个路由器和一台客户端进行测试，客户端把网络地址设置为路由器G0/0的接口地址，通过配置静态路由，最终实现VPC1能够使用PING工具测试R2路由器上的loopback0接口地址的连通性，如图9-1所示。

图9-1　配置静态路由

9.4　理论知识

9.4.1　路由转发基础

路由器收到数据报文，查看报文目的地址并依据路由表将报文转发到下一个路由器，报文经过中间路由器多次转发后到达目的主机，中间路由器的转发路径构成了路由的路径信息。"路由器"指支持路由功能的网络设备。这些网络设备可以是三层交换机、网络路由器、防火墙等。

9.4.2　数据包转发过程

当路由器收到IP数据包时，通过拆封数据包取出收到分组中的目的IP地址，用目的IP地址在路由表中查找。将目的IP地址与路由表项的掩码相与，计算出网络地址，判断是否与路由表项的网络地址相同。路由查询过程中遵循最长匹配原则，如果目的IP地址为192.168.1.100，当前路由器存在如下路由：

（1）192.168.1.0/24；

（2）192.168.0.0/16；

（3）0.0.0.0/0。

根据最长匹配原则，发往192.168.1.100的数据最终会选择"（1）192.168.1.0/24"的路由进行发送。如果路由器不存在任何明细路由，所有数据包都可以使用"（3）0.0.0.0/0"的路由转发数据。如果在路由器上找不到目标路由，路由器会发送"主机不可达"或"网络不可达"的出错信息给发出该分组的计算机。

路由器的递归查询。当路由器找到目标路由时，如果最终目的地不是路由器本身，此时路由器需要将当前数据包转发给下一台路由器或者网络设备。此时路由在转发时需要找到对应的出接口，如果当前的路由条目没有出接口，那么就需要根据路由的下一跳地址进行递归查询，直到找到对应的出接口，最终把数据包转发出去。例如：

路由1：192.168.1.0/24，下一跳为10.0.0.1；

路由2：10.0.0.0/24，下一跳为172.16.1.1；

路由3：172.16.1.0/24为直连路由，接口为Gig0/1。

如果数据包的目标地址为192.168.1.100，则数据包在路由查询的时候先找到路由1，然后通过递归查询找到路由2、路由3，最终找到出接口Gig0/1。此时才能完成路由转发的全部过程。

9.4.3　路由分类

根据来源方式的不同，路由通常分为以下三类：

（1）直连路由：链路层协议发现的路由，也称为接口路由。

（2）静态路由：由网络管理员手工配置的路由。静态路由配置方便，对系统要求低，适用于拓扑结构简单并且稳定的小型网络。其缺点是每当网络拓扑结构发生变化，都需要手工重新配置，不能自动适应。

（3）动态路由：动态路由协议发现的路由。

9.5　任务实施

（1）任务开始之前，先对网络设备进行初始化配置，参照表9-1配置网络地址的相关信息。

表9-1　网络地址规划

设备名	接口	网络地址	掩码
R1	Gi0/0	192.168.10.254	255.255.255.0
	Gi0/1	10.0.0.1	255.255.255.248
R2	Gi0/0	10.0.0.2	255.255.255.248
	loopback0	2.2.2.2	255.255.255.255
VPC1	eth0	192.168.10.100	255.255.255.0

（2）开始实验之前先对路由进行初始化配置，后续的实验请参照该部分进行初始化，后续内容将不再重复该配置。初始化配置关闭路由器的域名查询，这将会为你敲错命令后省去很多时间。之后在CON-SOLE中配置消息同步，当控制台弹出日志消息后，该配置选项会自动回行，不会占用光标位置，从而导致配置消息和日志消息在视觉上重叠，然后在CONSOLE中关闭超时退出。请仅在实验环境中配置该选项，并且别忘记为设置修改设备名称。最后，根据网络地址规划表配置相应的接口网络地址等信息。

```
Router>enable
Router#configure terminal
Router(config)#noIPdomain-lookup
Router(config)#line console 0
Router(config-line)#logging synchronous
Router(config-line)#exec-timeout  0 0
Router(config-line)#exit
Router(config)#hostname R1
R1(config)#interface  gigabitEthernet 0/0
R1(config-if)#ip address 192.168.10.254 255.255.255.0
R1(config-if)#no shutdown
R1(config-if)#exit
R1(config)#interface gigabitEthernet 0/1
R1(config-if)#ip address 10.0.0.1 255.255.255.248
R1(config-if)#no shutdown
R1(config-if)#exit
```

（3）根据网络地址规划表，配置R2路由器的接口网络地址等信息。

```
Router>enable
Router#configure terminal
Router(config)#hostname R2
R2(config)#interface gigabitEthernet 0/0
R2(config-if)#no shutdown
R2(config-if)#ip address 10.0.0.2 255.255.255.248
R2(config-if)#exit
R2(config)#interface loopback 0
R2(config-if)#ip add 2.2.2.2 255.255.255.255
R2(config-if)#exit
```

（4）在EVE-NG中的VPC设备上的网络地址信息。

```
VPCS>IP192.168.10.100 255.255.255.0 192.168.10.254
```

（5）在R1上为目的2.2.2.2/32创建一台主机静态路由，当掩码为255.255.255.255时，可将该路由称为主机路由，因为它只包含一台主机。静态路由的下一跳地址设置为10.0.0.2。配置成功后，可以在特权模式中执行"showIProute"指令查看当前设备的路由情况。可以在路由表中找到一条标注为"S"的路由，在代码解析中，"S - static"为静态路由，"C - connected"为直连路由。由此可见，去往2.2.2.2/32的主机静态路由配置成功。

```
R1(config)#ip route 2.2.2.2 255.255.255.255 10.0.0.2
R1#showIProute
Codes: L - local, C - connected, S - static, R - RIP, M - mobile, B - BGP
       D - EIGRP, EX - EIGRP external, O - OSPF, IA - OSPF inter area
       N1 - OSPF NSSA external type 1, N2 - OSPF NSSA external type 2
       E1 - OSPF external type 1, E2 - OSPF external type 2
       i - IS-IS, su - IS-IS summary, L1 - IS-IS level-1, L2 - IS-IS level-2
       ia - IS-IS inter area, * - candidate default, U - per-user static route
       o - ODR, P - periodic downloaded static route, H - NHRP, l - LISP
```

```
        a - application route
        + - replicated route, % - next hop override, p - overrides from PfR

Gateway of last resort is not set

        2.0.0.0/32 is subnetted, 1 subnets
S       2.2.2.2 [1/0] via 10.0.0.2
        10.0.0.0/8 is variably subnetted, 2 subnets, 2 masks
C       10.0.0.0/29 is directly connected, GigabitEthernet0/1
L       10.0.0.1/32 is directly connected, GigabitEthernet0/1
        192.168.10.0/24 is variably subnetted, 2 subnets, 2 masks
C       192.168.10.0/24 is directly connected, GigabitEthernet0/0
L       192.168.10.254/32 is directly connected, GigabitEthernet0/0
```

（6）在R2上执行同样的操作，不同的是，在R2上使用出接口作为静态路由的下一跳。R2和R1的区别是，R2的配置方式减少了路由的递归查询环境。但该方式的配置需要该出接口的路由启用ARP代理功能，否则路由在转发之前请求ARP解析失败，会导致数据包不能从该出接口发送出去。因此，最好的配置方法是同时添加下一跳IP地址和出接口。

```
R2(config)#ip route 192.168.10.0 255.255.255.0 gigabitEthernet 0/0
R2#showIProute static
Codes: L - local, C - connected, S - static, R - RIP, M - mobile, B - BGP
        D - EIGRP, EX - EIGRP external, O - OSPF, IA - OSPF inter area
        N1 - OSPF NSSA external type 1, N2 - OSPF NSSA external type 2
        E1 - OSPF external type 1, E2 - OSPF external type 2
        i - IS-IS, su - IS-IS summary, L1 - IS-IS level-1, L2 - IS-IS level-2
        ia - IS-IS inter area, * - candidate default, U - per-user static route
        o - ODR, P - periodic downloaded static route, H - NHRP, l - LISP
        a - application route
        + - replicated route, % - next hop override, p - overrides from PfR

Gateway of last resort is not set
```

S　　192.168.10.0/24 is directly connected, GigabitEthernet0/0

（7）配置完成后，在PVC1上使用"ping"指令进行测试，访问
R2上的loopback0接口。如果测试存在如下回显，说明网络连通性是
正常的。至此，本任务完成。

VPCS> ping 2.2.2.2

2.2.2.2 icmp_seq=1 timeout
84 bytes from 2.2.2.2 icmp_seq=2 ttl=254 time=3.669 ms
84 bytes from 2.2.2.2 icmp_seq=3 ttl=254 time=2.512 ms
84 bytes from 2.2.2.2 icmp_seq=4 ttl=254 time=3.006 ms
84 bytes from 2.2.2.2 icmp_seq=5 ttl=254 time=2.261 ms

9.6　任务评价

根据任务完成情况，进行学习任务综合评价，见表9-2。

表9-2　学习任务综合评价表

考核项目	评价内容	成绩（分）	评价分数		
			自我评价	小组评价	教师评价
职业素养	安全和责任意识强，遵守健康及安全标准	10			
	团队合作意识强，能与同学分享知识及专业技能	10			
	现场管理符合 8S 标准，做好定期整理工作	10			
专业能力	是否理解路由转发原理	10			
	是否理解路由表的组成内容	10			
	是否理解静态路由的工作原理	10			
	是否理解管理距离的实际意义	10			
工作成果	能够配置静态路由实现节点互通	10			
	能够配置浮动静态路由为主机提供备份路由	10			
	能够配置默认路由为客户端提供互联网访问能力	10			

续表

考核项目	评价内容	成绩（分）	评价分数		
			自我评价	小组评价	教师评价
	总分	100			
综合评价	综合评价＝自我评价 ×20%+ 小组评价 ×30%+ 教师评价 ×50%	教师签名			

思考练习

单选题：

（1）路由器进行路由转发时，主要读取路由表中的（　　　）进行路由匹配。

  A. 目的地址   B. 源地址

  C. 路由管理距离   D. 下一跳IP地址

（2）目的地为192.168.1.135，路由器会选择哪条路由进行转发？（　　　）

  A. 192.168.1.0/24   B. 192.168.1.0/25

  C. 192.168.1.0/26   D. 192.168.1.0/27

思考题：

  通过本章学习，尝试讲述R1中配置静态路由下一跳为G0/1时，路由递归查询的过程。如果在R2上的G0/0接口上禁用ARP代理功能，试问VPC1是否能与R2通信。

动态路由

10.1　任务引言

　　动态路由（有时称为自适应路由）比静态路由更复杂，因为它创建了更多可能的路由来通过网络发送数据包。动态路由主要应用在大型网络中，其规模较大，拓扑结构不稳定。使用静态路由维护起来很麻烦，并且经常重新配置。但由于动态路由更复杂，因此它比静态路由消耗更多的带宽。动态路由使用算法来计算多个可能的路由，并确定流量通过网络的最佳路径。它使用两种类型的复杂算法：距离矢量协议和链路状态协议。距离矢量和链路状态协议都会在路由器中创建一个路由表，其中包含网络、网络组或特定子网的每个可能目标的条目，每个条目指定用于发送接收到的数据包的网络连接。

10.2　任务目标

　　（1）能够理解动态路由的意义。

（2）能够理解距离矢量协议和链路状态协议的区别。

（3）能够掌握动态路由 RIP 的配置和管理。

10.3   任务情景

创建两个路由器和一台客户端进行测试，客户端把网络地址设置为路由器 G0/0 的接口地址，通过配置动态路由，R1 路由器和 R2 路由器通过 RIP 协议交换彼此的路由信息，最终实现 VPC1 能够使用 ping 工具测试 R2 路由器上的 loopback0 接口地址的连通性。拓扑如图 10-1 所示。

图 10-1   配置动态路由 RIP

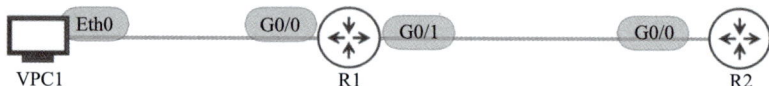

10.4   理论知识

10.4.1   动态路由 RIP

路由信息协议（RIP）是一系列 IP 路由协议之一，是一种内部网关协议（IGP），旨在自治系统（AS）中分发路由信息。RIP 是一个简单的矢量路由协议，在该领域有许多现有的实现。在矢量路由协议中，路由器与其最近的邻居交换网络可访问性信息。换句话说，路由器相互通信它们可以到达的目标集（地址前缀），以及为了到达这些目的地而应将数据发送到的下一跃点地址。这与链路状态 IGP 形成鲜明对比。矢量路由协议彼此交换路由，而链路状态协议交换拓扑信息，并在本地计算自己的路由。

矢量路由协议在参与该协议的所有路由器中淹没可访问性信息，以便每个路由器都有一个路由表，其中包含参与路由器已知的完整目标集。

简而言之，RIP 协议的工作原理如下：

（1）每个路由器使用本地连接的网络列表初始化其路由表。

（2）每个路由器定期通过其所有启用了 RIP 的接口通告其路由表的全部内容。每当 RIP 路由器收到此类通告时，它就会将所有适当的路由放入其路由表中，并开始使用它来转发数据包。此过程可确保连接到每个路由器的每个网络最终都为所有路由器所知。如果路由器不继续接收远程路由的通告，它最终会使该路由超时并停止通过其转发数据包。换句话说，RIP是一种"软状态"协议。

（3）每个路由都有一个称为"度量"的属性，该属性表示到路由目标的"距离"。每次路由器收到路由通告时，它都会递增跃点数。路由器在决定对路由表中两个版本路由二选一进行编程时，更喜欢较短的路由而不是较长的路由。RIP允许的最大跃点数为16，这意味着无法访问路由，即该协议无法扩展到给定目标跃点可能超过15个的网络。

10.4.2　RIP路由表的形成

RIP启动时，初始路由表仅包含本设备的一些直连接口路由。相邻设备通过互相学习路由表项后，才能实现各网段路由互通，如图10-2所示。

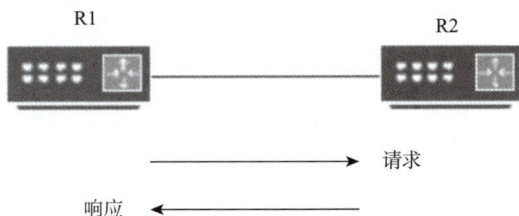

图10-2　RIP报文交互

（1）RIP协议启动之后，R1会向相邻的交换机广播一个Request报文。

（2）R2从接口接收到R1发送的Request报文后，把自己的RIP路由表封装在Response报文内，然后向该接口对应的网络广播。

（3）R1根据R2发送的Response报文形成自己的路由表。

（4）RIP按照路由通告进行路由更新和路由选择。在这种情况下，交换机并不了解整个网络的拓扑，只知道到达目的网络的距离以及到达目的网络应该走哪个方向或者哪个接口。如图10-3所示，R2收到了来自R1的路由通告，此时R2知道经过R1可以到达192.168.1.0/24网络，度量值是1跳，除此之外，R2不知道其他的信息。即使这个通告因为某种原因已经是错误的信息，R2依然认为经过R1可以到达192.168.1.0/24网络，度量值是1。这是导致RIP网络容易产生路由循环的根本原因。

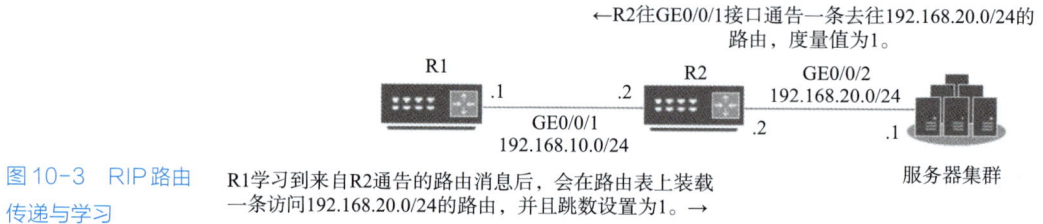

←R2往GE0/0/1接口通告一条去往192.168.20.0/24的路由，度量值为1。

图 10-3　RIP 路由传递与学习

R1学习到来自R2通告的路由消息后，会在路由表上装载一条访问192.168.20.0/24的路由，并且跳数设置为1。→

10.4.3　RIP 度量

在RIP网络中，缺省情况下，设备到与它直接相连网络的跳数为0，经过一个设备可达的网络的跳数为1，其余依此类推。也就是说，度量值等于从本网络到达目的网络间的设备数量。如图10-4所示，PC1访问SERVER1有两条路径可以走：可以通过Router1、Router3、Router4和Router6的路径到达，也可以通过Router1、Router2和Router5的路径到达。数据包通过Router1、Router2和Router5的路径会更短，对于RIP协议该路径的度量值为3，通过Router1、Router3、Router4和Router6的路径在转发数据包时可能比通过Router1、Router2和Router5的路径更快，对于RIP协议该路径的度量值为4。此时对于RIP而言，它将会选择度量值更小的路由作为最优路由。

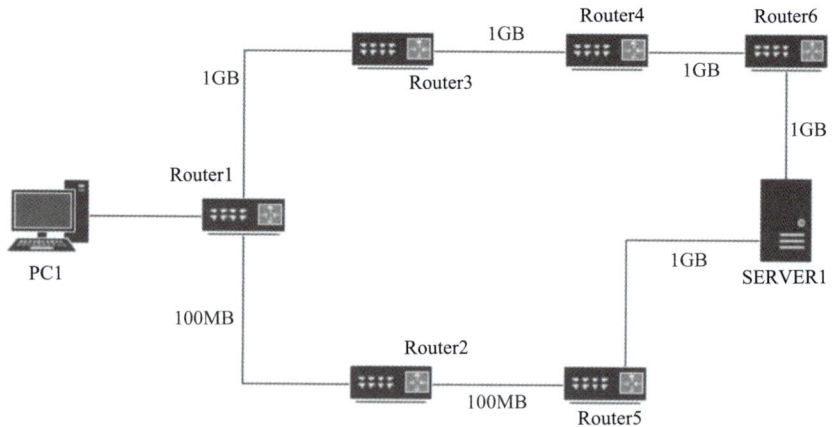

图 10-4　RIP 度量值的计算

此外，为了防止RIP路由在网络中被无限泛洪而使跳数累加到无穷大，同时也为了限制收敛时间，RIP规定度量值取0~15的整数，大于或等于16的跳数被定义为无穷大，即目的网络或主机不可达。最大跳数的设定虽然解决了度量值计数到无穷大的问题，但也限制了RIP所能支持的网络规模，使RIP不适合在大型网络中应用。

10.4.4 RIP的更新与维护

RIP协议在更新和维护路由信息时主要使用三个定时器：

（1）更新定时器（Update timer）：当此定时器超时，立即发送更新报文。

（2）老化定时器（Age timer）：RIP设备如果在老化时间内没有收到邻居发来的路由更新报文，则认为该路由不可达。

（3）垃圾收集定时器（Garbage-collect timer）：如果在垃圾收集定时器倒计时结束前，不可达路由没有收到来自同一邻居的更新报文，则该路由将从RIP路由表中被彻底删除。

10.4.5 RIP-2的增强特性

RIP包括RIP-1和RIP-2两个版本。RIP-1（RIP version1）是有类别路由协议（Classful Routing Protocol），只支持以广播方式发布协议报文。RIP-1的协议报文中没有携带掩码信息，它只能识别A、B、C类这样的自然网段的路由，因此RIP-1无法支持路由聚合，也不支持不连续子网（Discontiguous Subnet）。

RIP-2对RIP-1进行了扩充，具体如下：

（1）RIP-2（RIP version2）是一种无分类路由协议（Classless Routing Protocol）。

（2）RIP-2支持外部路由标记（Route Tag），可以在路由策略中根据Tag对路由进行灵活地控制。

（3）RIP-2报文中携带掩码信息，支持路由聚合和CIDR（Classless Inter-Domain Routing）。

（4）RIP-2支持指定下一跳，在广播网上可以选择到目的网段最优下一跳地址。

（5）RIP-2支持以组播方式发送更新报文，只有支持RIP-2的设备才能接收协议报文，减少资源消耗。

（6）RIP-2支持对协议报文进行验证，增强安全性。

10.4.6　RIP-2路由聚合

路由聚合的原理是同一个自然网段内的不同子网的路由在向外（其他网段）发送时聚合成一个网段的路由发送。在RIP-2中进行路由聚合可提高大型网络的可扩展性和效率，缩减路由表。

（1）基于RIP进程的有类聚合：聚合后的路由使用自然掩码的路由形式发布。比如，10.1.1.0/24（metric=2）和10.1.2.0/24（metric=3）这两条路由，会聚合成自然网段路由10.0.0.0/8（metric=2）。RIP-2路由聚合是按类聚合的，以聚合得到最优的metric值。

（2）基于接口的聚合：用户可以指定聚合地址。比如，10.1.1.0/24（metric=2）和10.1.2.0/24（metric=3）这两条路由，可以在指定接口上配置聚合路由10.1.0.0/16（metric=2）来代替原始路由。

10.4.7　RIP优化方案

RIP还包括对基本算法的一些优化，以提高路由数据库的稳定性并消除路由环路。

（1）当路由器检测到对其路由表的更改时，它会立即发送"触发"更新。这加快了路由表的稳定性并消除了路由环路。

（2）当确定路由无法访问时，RIP路由器不会立即将其删除。相反，它们继续以指标16（无法访问）播发路由。这可确保邻居快速收到无法访问路由的通知，而不必等待软状态超时。

（3）当路由器A从路由器B获知路由时，它会将该路由通告回B，跃点数为16（无法访问）。这确保了B永远不会给人留下A到达同一目的地的不同方式的印象。这种技术被称为"毒性反转"。

（4）"请求"消息允许新启动的路由器快速查询其所有邻居的路由表。

10.4.8　RIP路由与定时器之间的关系

RIP的更新信息发布是由更新定时器控制的，默认为每30秒发送一次。每条路由表项对应两个定时器：老化定时器和垃圾收集定时器。当学到一条路由并添加到RIP路由表中时，老化定时器启动。如果老化定时器超时，设备仍没有收到邻居发来的更新报文，则把该路由的度量值置为16（表示路由不可达），并启动垃圾收集定时器。如果垃圾收集定时器超时，设备仍然没有收到更新报文，则在RIP路由表中删除该路由。

10.4.9　触发更新

触发更新是指当路由信息发生变化时，立即向邻居设备发送"触发"更新报文，而不用等待更新定时器超时，从而避免产生路由环路。

10.4.10　水平分割和毒性反转

（1）水平分割（Split Horizon）的原理是，RIP从某个接口学到的路由，不会从该接口再发回给邻居路由器。这样不但减少了带宽消耗，还可以防止路由环路。水平分割在不同网络中实现有所区别，分为按照接口和按照邻居两种方式进行水平分割。广播网P2P和P2MP网络中是按照接口进行水平分割的。

（2）毒性反转（Poison Reverse）的原理是，RIP从某个接口学到路由后，从原接口发回邻居路由器，并将该路由的开销设置为16（即指明该路由不可达）。利用这种方式，可以清除对方路由表中的无用路由。

10.5　任务实施

（1）在上一节"网络静态路由配置"基础上进行实验，请使用以下指令删除静态路由的配置信息。

```
R1(config)#noIProute 2.2.2.2 255.255.255.255 10.0.0.2
R2(config)#noIProute 192.168.10.0 255.255.255.0 GigabitEthernet0/0
```

（2）在R1上启动RIPv2协议，并宣告路由器直连网段到RIP进程中。在使用RIP时，请配置版本2，并且关闭它的自动汇总功能，减少不必要的路由环路出现。

```
R1(config)#router rip
R1(config-router)#version 2
R1(config-router)#no auto-summary
R1(config-router)#network 192.168.10.0
R1(config-router)#network 10.0.0.0
```

（3）在R2上启动RIPv2协议，并宣告路由器直连网段到RIP进程中。

```
R2(config)#router rip
R2(config-router)#version 2
R2(config-router)#no auto-summary
R2(config-router)#network 10.0.0.0
R2(config-router)#network 2.0.0.0
```

（4）配置成功后，在R1上检查通过R2学习到的RIP路由。此处通过在"showIProute"后面加上"rip"参数，可以用于查看当前路由表中rip类型的路由条目。

```
R1#showIProute  rip
Codes: L - local, C - connected, S - static, R - RIP, M - mobile, B - BGP
       D - EIGRP, EX - EIGRP external, O - OSPF, IA - OSPF inter area
       N1 - OSPF NSSA external type 1, N2 - OSPF NSSA external type 2
       E1 - OSPF external type 1, E2 - OSPF external type 2
       i - IS-IS, su - IS-IS summary, L1 - IS-IS level-1, L2 - IS-IS level-2
       ia - IS-IS inter area, * - candidate default, U - per-user static route
```

o - ODR, P - periodic downloaded static route, H - NHRP, l - LISP

a - application route

+ - replicated route, % - next hop override, p - overrides from PfR

Gateway of last resort is not set

2.0.0.0/32 is subnetted, 1 subnets

R   2.2.2.2 [120/1] via 10.0.0.2, 00:00:11, GigabitEthernet0/1

（5）同样地，也请在 R2 上检查通过 R1 学习到的 RIP 路由。

R2#showIProute rip

Codes: L - local, C - connected, S - static, R - RIP, M - mobile, B - BGP

D - EIGRP, EX - EIGRP external, O - OSPF, IA - OSPF inter area

N1 - OSPF NSSA external type 1, N2 - OSPF NSSA external type 2

E1 - OSPF external type 1, E2 - OSPF external type 2

i - IS-IS, su - IS-IS summary, L1 - IS-IS level-1, L2 - IS-IS level-2

ia - IS-IS inter area, * - candidate default, U - per-user static route

o - ODR, P - periodic downloaded static route, H - NHRP, l - LISP

a - application route

+ - replicated route, % - next hop override, p - overrides from PfR

Gateway of last resort is not set

R   192.168.10.0/24 [120/1] via 10.0.0.1, 00:00:21, GigabitEthernet0/0

（6）如果想查看更多关于 RIP 的工作信息，可以在 R1 上执行"showIPprotocols"指令检查 RIP 协议进程状态。如果该路由器还运行其他动态路由协议，也可以通过该指令进行查看。在当前实验环境中，路由器仅配置了 RIP 路由协议。通过该指令，可以看到当前路由协议的 Outgoing 和 Incoming 并未配置任何的过滤列表。路由器每 30s 发送一次更新，下一次路由更新将在 29s 内进行发送，路由失效时间为 180s，等待时间为 180s，刷新路由时间为 240s，也就是说，在 240s 后还没有收到路由的更新，那么该路由就会在 RIP 的路由数据库中删除。在版本控制行中可以看到当前RIP协议的消息发送和消息接收都为版本2（此处暂未讨论版本1和版本2之间的兼容管理，请忽略该内容）。在消息发送的接口上可以看到，当前Gig0/0和Gig0/1接口加入了RIP进程。

```
R1#showIPprotocols
Routing Protocol is "rip"
  Outgoing update filter list for all interfaces is not set
  Incoming update filter list for all interfaces is not set
  Sending updates every 30 seconds, next due in 29 seconds
  Invalid after 180 seconds, hold down 180, flushed after 240
  Redistributing: rip
  Default version control: send version 2, receive version 2
    Interface          Send  Recv  Triggered RIP  Key-chain
    GigabitEthernet0/0   2     2
    GigabitEthernet0/1   2     2
  Automatic network summarization is not in effect
  Maximum path: 4
  Routing for Networks:
    10.0.0.0
    192.168.10.0
  Routing Information Sources:
    Gateway      Distance      Last Update
    10.0.0.2        120        00:00:07
  Distance: (default is 120)
```

（7）在R1上启用被动接口，从而限制路由更新消息，在指定接口发送。可以通过将passive-interface应用在default接口上，这样所有的接口都会应用该规则，此时可以用"no"指令将特定的接口排除，通过这种方法可以大大减少接口特别多的时候，要敲很多条指令的麻烦。反过来，如果只需要配置特定的接口启用passive-interface，只需要针对该接口配置即可，而无须使用default接口进行配置。

```
R1(config)#router rip
R1(config-router)#passive-interface default
```

R1(config-router)#no passive-interface gigabitEthernet 0/1

（8）配置成功后，在R1上检查被动接口生效情况。此时在接口行中发现，Gig0/0接口并不参与消息的发送和接收。但RIP的被动接口最终的实现结果是只收不发。

R1#showIPprotocols
Routing Protocol is "rip"
  Outgoing update filter list for all interfaces is not set
  Incoming update filter list for all interfaces is not set
  Sending updates every 30 seconds, next due in 8 seconds
  Invalid after 180 seconds, hold down 180, flushed after 240
  Redistributing: rip
  Default version control: send version 2, receive version 2
    Interface   Send Recv Triggered RIP Key-chain
    GigabitEthernet0/1   2   2
  Automatic network summarization is not in effect
    Interface   Send Recv Triggered RIP Key-chain
  Maximum path: 4
  Routing for Networks:
    10.0.0.0
    192.168.10.0
  Passive Interface(s):
    GigabitEthernet0/0
    GigabitEthernet0/2
    GigabitEthernet0/3
    RG-AR-IF-INPUT1
  Routing Information Sources:
    Gateway   Distance   Last Update
    10.0.0.2   120   00:00:25
  Distance: (default is 120)

（9）在PVC1上使用"ping"指令进行测试，访问R2上的loop-back0接口，如果ICMP消息回显正常则说明实验成功。

```
VPCS> ping 2.2.2.2
84 bytes from 2.2.2.2 icmp_seq=1 ttl=254 time=3.457 ms
84 bytes from 2.2.2.2 icmp_seq=2 ttl=254 time=1.818 ms
84 bytes from 2.2.2.2 icmp_seq=3 ttl=254 time=1.694 ms
84 bytes from 2.2.2.2 icmp_seq=4 ttl=254 time=3.889 ms
84 bytes from 2.2.2.2 icmp_seq=5 ttl=254 time=7.933 ms
```

10.6   任务评价

根据任务完成情况，进行学习任务综合评价，见表10-1。

表10-1   学习任务综合评价表

考核项目	评价内容	成绩（分）	评价分数		
			自我评价	小组评价	教师评价
职业素养	安全和责任意识强，遵守健康及安全标准	10			
	团队合作意识强，能与同学分享知识及专业技能	10			
	现场管理符合 8S 标准，做好定期整理工作	10			
专业能力	是否理解距离矢量路由协议的工作方式	10			
	是否理解链路状态路由协议的工作方式	10			
	是否理解 RIP 的工作原理	10			
	是否能够在网络设备上配置 RIP 路由	10			
工作成果	能够通过配置 RIP 路由实现节点互通	10			
	能够通过配置 RIP 的特性功能优化网络连接	10			
	能够理解 RIP 环路问题，并部署防范措施	10			
总分		100			
综合评价	综合评价 = 自我评价 ×20%+ 小组评价 ×30%+ 教师评价 ×50%	教师签名			

思考练习

根据本章所学知识，请通过配置OSPF路由实现同等功能。

学习任务

11

访问控制列表

11.1　任务引言

访问控制列表（Access Control Lists，ACL）由匹配条件和采取动作（允许或禁止）的语句组成。在对应的网络设备的接口中应用访问控制列表时，通过匹配数据包信息与访问表参数来决定是否允许数据包通过。访问控制列表判断数据包的依据是源地址、目的地址、源端口、目的端口和协议等。访问控制列表可以限制网络流量、提高网络性能、控制网络通信流量等，同时也是网络访问控制的基本安全手段。

11.2　任务目标

（1）能够理解访问控制列表的作用。

（2）能够理解访问控制列表的分类。

（3）能够掌握访问控制列表的配置和管理。

11.3　任务情景

　　将创建两个路由器、两台客户端和一台服务器进行测试，客户端把网络地址设置为路由器G0/1的接口地址，通过配置动态RIP路由，最终实现VPC1和VPC2能够使用ping工具测试Server的连通性。在网络连通性测试没有问题后，在R1路由器的G0/0接口上部署访问控制列表，限制VPC1允许访问Server，VPC2不允许访问Server。拓扑见图11-1所示。

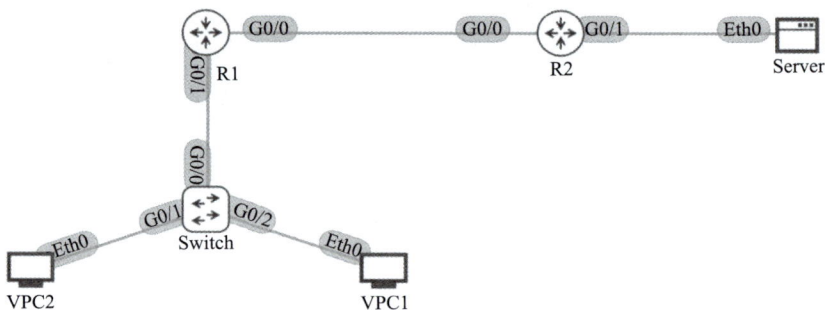

图11-1　配置访问控制列表

11.4　理论知识

11.4.1　访问列表类型

　　访问列表可分为标准IP访问列表和扩展IP访问列表两种类型。

　　（1）标准IP访问列表：只检查数据包的源地址，从而允许或拒绝基于网络、子网或主机的IP地址的所有通信流量通过路由器的出口。

　　（2）扩展IP访问列表：不仅检查数据包的源地址，还要检查数据包的目的地址、特定协议类型、源端口号、目的端口号等。

11.4.2　ACL的相关特性

　　每一个接口可以在进入（inbound）和离开（outbound）两个方向上分别应用一个ACL，且每个方向上只能应用一个ACL。ACL语句包括两个动作，一个是拒绝（deny），即拒绝数据包通过，过滤数据包；

另一个是允许（permit），即允许数据包通过，不过滤数据包。

（1）在路由选择进行以前，应用在接口进入方向的ACL起作用。

（2）在路由选择决定以后，应用在接口离开方向的ACL起作用。

（3）每个ACL的结尾有一个隐含的"拒绝的所有数据包（deny all）"的语句。

11.5　任务实施

（1）任务开始之前，先对网络设备进行初始化配置，参照表11-1配置网络地址的相关信息。

表11-1　配置访问控制列表

设备名	接口	网络地址	掩码
R1	Gi0/0	192.168.10.254	255.255.255.0
	Gi0/1	10.0.0.1	255.255.255.248
R2	Gi0/0	10.0.0.2	255.255.255.248
	Gi0/1	192.168.20.254	255.255.255.0
VPC1	eth0	192.168.10.100	255.255.255.0
VPC2	eth0	192.168.10.200	255.255.255.0
Server	eth0	192.168.20.100	255.255.255.0

（2）请参照第二部分中小型局域网构建中9.5任务实施部分对网络设备进行初始化配置。为拓扑环境设置对应的主机名、日志自动换行、禁止域名查询等。

（3）参考动态路由部分实现全节点互通。

（4）在R1上创建标准访问控制列表。

```
R1(config)#access-list 10 permit host 192.168.10.100
R1(config)#interface gigabitEthernet 0/1
R1(config-if)#ip access-group 10 in
```

（5）在VPC1上进行连通性测试。

```
VPCS> ping 192.168.20.100
```

84 bytes from 192.168.20.100 icmp_seq=1 ttl=62 time=8.250 ms
84 bytes from 192.168.20.100 icmp_seq=2 ttl=62 time=4.625 ms
84 bytes from 192.168.20.100 icmp_seq=3 ttl=62 time=3.731 ms
84 bytes from 192.168.20.100 icmp_seq=4 ttl=62 time=3.366 ms
84 bytes from 192.168.20.100 icmp_seq=5 ttl=62 time=3.222 ms

（6）在VPC2上进行连通性测试。

VPCS> ping 192.168.20.100

*192.168.10.254 icmp_seq=1 ttl=255 time=5.363 ms (ICMP type:3, code:13, Communication administratively prohibited)
*192.168.10.254 icmp_seq=2 ttl=255 time=2.495 ms (ICMP type:3, code:13, Communication administratively prohibited)
*192.168.10.254 icmp_seq=3 ttl=255 time=2.322 ms (ICMP type:3, code:13, Communication administratively prohibited)
*192.168.10.254 icmp_seq=4 ttl=255 time=2.325 ms (ICMP type:3, code:13, Communication administratively prohibited)
*192.168.10.254 icmp_seq=5 ttl=255 time=2.243 ms (ICMP type:3, code:13, Communication administratively prohibited)

（7）在VPC2上测试R2的Gi0/0接口连通性。

VPCS> ping 10.0.0.2

*192.168.10.254 icmp_seq=1 ttl=255 time=4.394 ms (ICMP type:3, code:13, Communication administratively prohibited)
*192.168.10.254 icmp_seq=2 ttl=255 time=2.996 ms (ICMP type:3, code:13, Communication administratively prohibited)
*192.168.10.254 icmp_seq=3 ttl=255 time=2.445 ms (ICMP type:3, code:13, Communication administratively prohibited)
*192.168.10.254 icmp_seq=4 ttl=255 time=2.885 ms (ICMP type:3, code:13, Communication administratively prohibited)

学习任务 11 访问控制列表

*192.168.10.254 icmp_seq=5 ttl=255 time=2.974 ms (ICMP type:3, code:13, Communication administratively prohibited)

（8）在R1上移除标准访问控制列表。

```
R1(config)#interface gigabitEthernet 0/1
R1(config-if)#noIPaccess-group 10 in
R1(config-if)#exit
R1(config)#no access-list 10
```

（9）在R1上创建扩展访问控制列表，仅限制VPC2访问Server，其他地址不做限制。

```
R1(config)#access-list 100 denyIPhost 192.168.10.200 host 192.168.20.100
R1(config)#access-list 100 permit IPany any
R1(config)#interface gigabitEthernet 0/1
R1(config-if)#ip access-group 100 in
R1(config-if)#end
```

（10）在PVC1上测试连通性。

```
VPCS> ping 192.168.20.100 -c 1
84 bytes from 192.168.20.100 icmp_seq=1 ttl=62 time=7.399 ms
VPCS> ping 10.0.0.2 -c 1
84 bytes from 10.0.0.2 icmp_seq=1 ttl=254 time=5.501 ms
```

（11）在PVC2上测试连通性。

```
VPCS> ping 192.168.20.100 -c 1
*192.168.10.254 icmp_seq=1 ttl=255 time=6.254 ms (ICMP type:3, code:13, Communication administratively prohibited)
VPCS> ping 10.0.0.2 -c 1
84 bytes from 10.0.0.2 icmp_seq=1 ttl=254 time=5.970 ms
```

11.6 任务评价

根据任务完成情况，进行学习任务综合评价，见表11-2。

表11-2 学习任务综合评价表

考核项目	评价内容	成绩（分）	评价分数		
			自我评价	小组评价	教师评价
职业素养	安全和责任意识强，遵守健康及安全标准	10			
	团队合作意识强，能与同学分享知识及专业技能	10			
	现场管理符合 8S 标准，做好定期整理工作	10			
专业能力	是否理解访问控制列表的作用和意义	10			
	是否理解标准访问控制列表的使用	10			
	是否理解扩展访问访问控制列表的使用	10			
	是否能够在接口上正确应用访问控制列表	10			
工作成果	完成标准访问控制列表配置和管理	10			
	完成扩展访问控制列表配置和管理	10			
	完成在接口上正确应用访问控制列表	10			
总分		100			
综合评价	综合评价 = 自我评价 ×20%+ 小组评价 ×30%+ 教师评价 ×50%	教师签名			

思考练习

根据本章所学知识，请通过配置命名方式的访问控制列表完成本章的练习。

网络地址转换

12.1　任务引言

随着Internet的发展和网络应用的增多，IPv4地址枯竭已成为网络发展的瓶颈。尽管IPv6可以从根本上解决IPv4地址空间不足的问题，但目前众多网络设备和网络应用大多是基于IPv4的，因此在IPv6广泛应用之前，一些过渡技术（如CIDR、私网地址等）的使用是解决这个问题最主要的技术手段。NAT主要用于实现内部网络（简称内网，使用私有IP地址）访问外部网络（简称外网，使用公有IP地址）的功能。当内网的主机要访问外网时，通过NAT技术可以将其私网地址转换为公网地址，可以实现多个私网用户共用一个公网地址来访问外部网络，这样既可保证网络互通，又节省了公网地址。

12.2　任务目标

（1）能够理解网络地址转换的意义。

（2）能够理解网络地址转换的分类。

（3）能够掌握网络地址转换的配置和管理。

12.3　任务情景

创建两个路由器和两个网络外接节点进行测试，Windows_Client 把网关地址设置为路由器 G0/1 的接口地址，在 R2 上创建一条默认静态路由下一跳地址设置为 R1 的 G0/0 的接口地址，在 R2 上仅配置网络地址初始化，不配置任何路由，特别是不得存在去往 Windows_Client 网段的任何路由信息。最终实现 VPC1、VPC2 和 VPC3 能够访问 Web_Server 上的 Web 站点。拓扑见图 12-1。

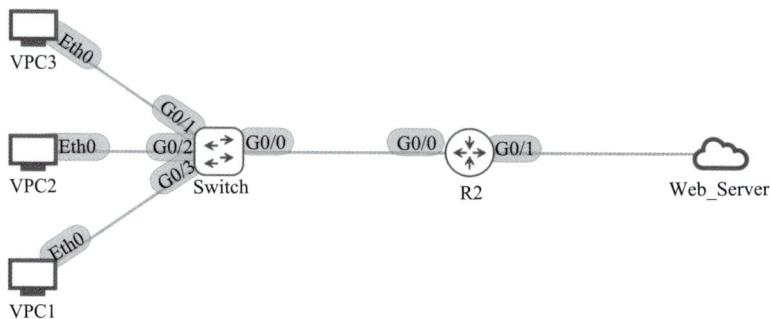

图 12-1　配置静态
地址转换

12.4　理论知识

网络地址转换协议（Network Address Translation，NAT）是内部网络 IP 地址与公有 IP 地址的转换。NAT 的实现方式有三种，即静态网络地址转换（Static Nat）、动态网络地址转换（Dynamic Nat）和端口地址转换（Port Address Translation）。

（1）静态网络地址转换是指将内部网络的私有 IP 地址转换为公有 IP 地址，IP 地址是一对一的，是一成不变的，固定的私有 IP 地址只转换为固定的公有 IP 地址。借助静态转换，可以实现外部网络对内部网络中某些特定设备（如服务器）的访问。

（2）动态网络地址转换是指将内部网络的私有 IP 地址转换为公用 IP 地址时，IP 地址是不确定的，是随机的，所有被授权访问上 Internet

的私有IP地址可随机转换为任何指定的合法IP地址。也就是说，只要指定哪些内部地址可以转换，以及用哪些合法地址作为外部地址，就可以进行动态转换。动态转换可以使用多个合法外部地址集。当ISP提供的合法IP地址略少于网络内部的计算机数量时，可以采用动态转换的方式。

（3）端口地址转换是指改变外出数据包的源端口并进行端口转换，内部网络的所有主机均可共享一个合法外部IP地址，实现对Internet的访问，从而可以最大限度地节约IP地址资源。同时又可隐藏网络内部的所有主机，有效避免来自Internet的攻击。因此，目前网络中应用最多的就是端口地址转换的方式。

12.5 任务实施

（1）任务开始之前，先对网络设备进行初始化配置，参照表12-1配置网络地址的相关信息。

表12-1　静态NAT转换地址表

设备名	接口	网络地址	掩码
R1	Gi0/0	209.1.1.254	255.255.255.0
	Gi0/1	103.1.1.254	255.255.255.0
R2	Gi0/0	209.1.1.1	255.255.255.0
	Gi0/1	192.168.10.254	255.255.255.0
Windows_Client	Ethernet0	103.1.1.100	255.255.255.0
Web_Server	Ens33	192.168.10.100	255.255.255.0

（2）参照第二部分中小型局域网构建中1.5任务实施部分对网络设备进行初始化配置。为拓扑环境设置对应的主机名、日志自动换行、禁止域名查询等。

（3）先在R2上创建静态路由，以满足当前实验环境节点互通。

```
R2(config)#ip route 0.0.0.0 0.0.0.0 209.1.1.254
```

（4）配置完成后，检查路由表，如果当前光标停留在配置模式下，可以使用"do"指令来执行特权模式下的指令。

```
R2(config)#do showIProute static
Codes: L - local, C - connected, S - static, R - RIP, M - mobile, B - BGP
       D - EIGRP, EX - EIGRP external, O - OSPF, IA - OSPF inter area
       N1 - OSPF NSSA external type 1, N2 - OSPF NSSA external type 2
       E1 - OSPF external type 1, E2 - OSPF external type 2
       i - IS-IS, su - IS-IS summary, L1 - IS-IS level-1, L2 - IS-IS level-2
       ia - IS-IS inter area, * - candidate default, U - per-user static route
       o - ODR, P - periodic downloaded static route, H - NHRP, l - LISP
       a - application route
       + - replicated route, % - next hop override, p - overrides from PfR

Gateway of last resort is 209.1.1.254 to network 0.0.0.0

S*    0.0.0.0/0 [1/0] via 209.1.1.254
```

（5）基础网络准备就绪，此时在R2上配置静态NAT，将内部地址"192.168.10.100"一对一映射到公有地址"209.1.1.1"，配置完成后，需要在接口明确NAT接口所处的位置。下面将配置Gig0/0为外部接口，也就是面向公网的连接端，将Gig0/1配置为内部接口，也就是面向内部客户端的连接端。

```
R2(config)#ip nat inside source static 192.168.10.100 209.1.1.1
R2(config)#interface gigabitEthernet 0/0
R2(config-if)#ip nat outside
R2(config-if)#exit
R2(config)#interface gigabitEthernet 0/1
R2(config-if)#ip nat inside
R2(config-if)#exit
R2(config)#end
```

（6）配置完成，在R2上检查NAT转换表。

```
R2#showIPnat translations
Pro Inside global     Inside local     Outside local    Outside global
--- 209.1.1.1          192.168.10.100   ---              ---
```

（7）在测试开始之前，先在R1上查看路由表。此时R1上并没有Web_Server的路由信息，测试客户端通过访问"209.1.1.1"的公有地址，然后映射到真实的内部IP地址"192.168.10.100"，实现通信。

```
R1#showIProute
Codes: L - local, C - connected, S - static, R - RIP, M - mobile, B - BGP
       D - EIGRP, EX - EIGRP external, O - OSPF, IA - OSPF inter area
       N1 - OSPF NSSA external type 1, N2 - OSPF NSSA external type 2
       E1 - OSPF external type 1, E2 - OSPF external type 2
       i - IS-IS, su - IS-IS summary, L1 - IS-IS level-1, L2 - IS-IS level-2
       ia - IS-IS inter area, * - candidate default, U - per-user static route
       o - ODR, P - periodic downloaded static route, H - NHRP, l - LISP
       a - application route
       + - replicated route, % - next hop override, p - overrides from PfR

Gateway of last resort is not set

      103.0.0.0/8 is variably subnetted, 2 subnets, 2 masks
C        103.1.1.0/24 is directly connected, GigabitEthernet0/1
L        103.1.1.254/32 is directly connected, GigabitEthernet0/1
      209.1.1.0/24 is variably subnetted, 2 subnets, 2 masks
C        209.1.1.0/24 is directly connected, GigabitEthernet0/0
L        209.1.1.254/32 is directly connected, GigabitEthernet0/0
```

（8）在Web_Server上测试网络连通性，如图12-2所示。

（9）网络连通确认正常后，在Web_Server上安装Web服务。此处使用的Linux发行版本为debian，可执行"apt install nginx"指令进行安装，安装成功后可执行"ss -nutp | grep 80"指令来查看nginx

图12-2 Web_Server连通性测试

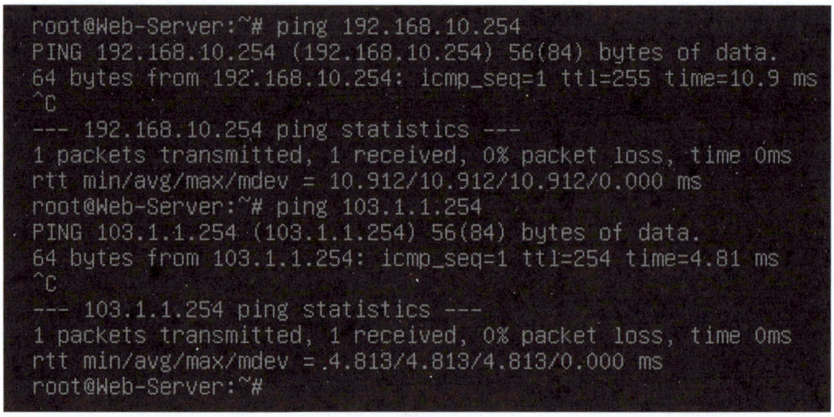

是否在tcp80端口上正常工作，如图12-3所示。

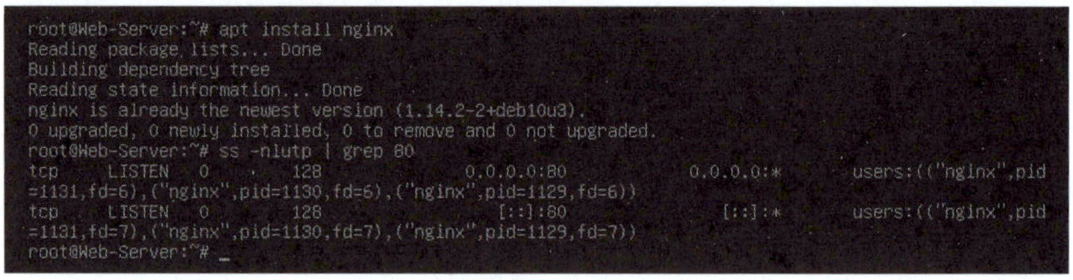

图12-3 配置nginx

（10）在Windows_Client上访问http://209.1.1.1站点。若测试结果可以成功访问到nginx的默认首页内容，则本实验成功完成。如果不使用nginx作为后端的Web服务器，也可以使用其他版本的Web服务器，并不影响本节的测试结果，如图12-4所示。

图12-4 地址一对一映射测试

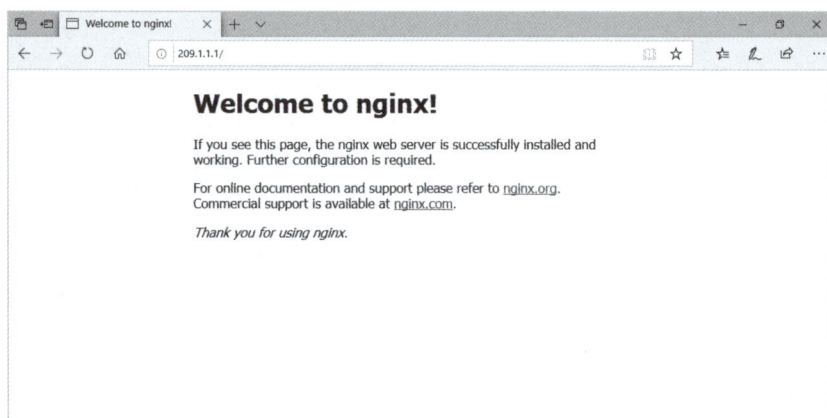

（11）配置一对一的静态映射会导致整个公网地址只能分配给一台主机，在生产环境下往往一个公有IP地址的后端存在众多服务器主机，

它们负责提供不同的网络服务。为此，我们将优化网络地址转换，由 IP 地址一对一映射改成静态端口一对一映射，本实验仅将 TCP80 端口映射到公有接口的 TCP80 端口上。

```
R2(config)#noIPnat inside source static 192.168.10.100 209.1.1.1
Static entry in use, do you want to delete child entries? [no]: yes
R2(config)#IPnat inside source static tcp 192.168.10.100 80 interface GigabitEthernet0/0 80
```

（12）配置成功后，查看网络地址转换状态。

```
R2#showIPnat translations
Pro Inside global    Inside local    Outside local    Outside global
tcp 209.1.1.1:80      192.168.10.100:80  ---          ---
```

（13）在 Windows_Client 上访问 http://209.1.1.1 站点。测试结果和之前一对一 IP 映射效果一样，不一样的是，当前 NAT 仅映射了 TCP80 端口，如图 12-5 所示。

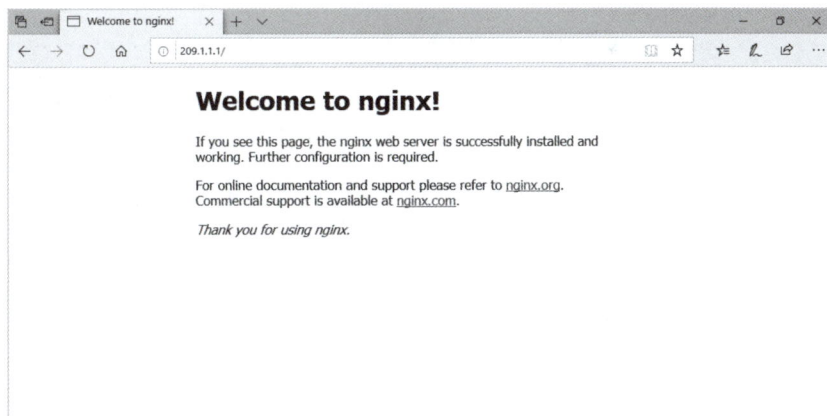

图 12-5　端口一对一映射测试

12.6　任务评价

根据任务完成情况，进行学习任务综合评价，见表 12-2。

表12-2　学习任务综合评价表

考核项目	评价内容	成绩（分）	评价分数		
			自我评价	小组评价	教师评价
职业素养	安全和责任意识强，遵守健康及安全标准	10			
	团队合作意识强，能与同学分享知识及专业技能	10			
	现场管理符合 8S 标准，做好定期整理工作	10			
专业能力	是否理解静态地址转换的工作场景	10			
	是否理解动态地址转换的工作场景	10			
	是否理解接口重载地址转换的工作场景	10			
	是否能够在网络设备上配置网络地址转换	10			
工作成果	完成静态地址转换的配置和管理	10			
	完成动态地址转换的配置和管理	10			
	完成接口重载地址转换的配置和管理	10			
总分		100			
综合评价	综合评价 = 自我评价 ×20%+ 小组评价 ×30%+ 教师评价 ×50%	教师签名			

12.7　扩展知识

　　动态地址转换将内部本地地址与内部合法地址一对一地进行转换，与静态地址转换不同的是它是，从内部合法地址池动态选择一个未使用的地址来对内部本地地址进行转换。

习 | **思考练习**

　　根据本章所学知识，实现网络地址转换中动态网络地址转换和端口地址转换功能。

13

VLAN 和 TRUNK

13.1　任务引言

早期以太网是一种基于CSMA/CD的共享通信介质的数据网络通信技术。当主机数目较多时，会导致冲突严重、广播泛滥、性能显著下降，甚至造成网络不可用等问题。通过二层设备实现LAN互连，虽然可以解决冲突严重的问题，但仍然不能隔离广播报文和提升网络质量。

13.2　任务目标

（1）能够理解VLAN划分的作用和意义。

（2）能够理解交换机接口模式的分类及功能。

（3）能够掌握VLAN的配置和管理。

（4）能够掌握交换机接口模式的配置和管理。

13.3　任务情景

　　本次任务将使用两台交换机设备通过一根网络进行连接，分别在设备上创建和管理VLAN，配置VLAN划分，实现两台交换设备之间的通信。请在设备上创建SVI接口，并配置IP地址。拓扑见图13-1。

图13-1　交换机VLAN划分管理

13.4　理论知识

13.4.1　VLAN功能介绍

　　VLAN（Virtual Local Area Network）的中文名为虚拟局域网，是一种将局域网设备从逻辑上划分成一个个网段，从而实现虚拟工作组的新型数据交换技术。这一新兴技术主要应用于交换机和路由器中，但主流应用还是在交换机中。虚拟局域网是根据应用的功能、部门等进行逻辑设定的设备或用户，使这些设备或用户的通信就像在同一个网段中一样。VLAN可以把一个LAN划分成多个逻辑的VLAN，每个VLAN是一个广播域，VLAN内的主机间通信就和在一个LAN内一样，而VLAN间则不能直接互通，广播报文就被限制在一个VLAN内。因此，VLAN具备以下优点：

　　（1）限制广播域：广播域被限制在一个VLAN内，节省了带宽，提高了网络处理能力。

　　（2）增强局域网的安全性：不同VLAN内的报文在传输时相互隔离，一个VLAN内的用户不能和其他VLAN内的用户直接通信。

　　（3）提高了网络的流畅性：故障被限制在一个VLAN内，本VLAN内的故障不会影响其他VLAN的正常工作。

　　（4）灵活构建虚拟工作组：用VLAN可以划分不同的用户到不同的工作组，同一工作组的用户也不必局限于某一固定的物理范围，网络构建和维护更方便灵活。

13.4.2　VLAN标签

要使交换机能够分辨不同VLAN的报文，需要在报文中添加标识VLAN信息的字段。IEEE 802.1Q协议规定，在以太网数据帧中加入4个字节的VLAN标签（又称VLAN Tag，简称Tag），用以标识VLAN信息。数据帧中的VID字段标识了该数据帧所属的VLAN，数据帧只能在其所属VLAN内进行传输。VID字段代表VLAN ID，VLAN ID取值范围是0 ~ 4095。由于0和4095为协议保留取值，所以VLAN ID的有效取值范围是1 ~ 4094。

交换机内部处理的数据帧都带有VLAN标签，而交换机连接的部分设备（如用户主机、服务器）只会收发不带VLAN Tag的传统以太网数据帧。因此，要与这些设备交互，就需要交换机的接口能够识别传统以太网数据帧，并在收发时给帧添加、剥除VLAN标签。添加的VLAN标签，由接口上的缺省VLAN（Port Default VLAN ID，PVID）决定。

Native VLAN是一种特殊的VLAN，其流量在802.1Q中继上穿越，没有任何VLAN标记。Native VLAN在802.1Q中定义，中继端口标准支持来自多个VLAN的流量以及不来自VLAN的流量（它支持未标记的流量，而交换机间链路不支持未标记的流量）。Native VLAN是每个交换机分别配置的中继。

802.1Q中继端口在Native VLAN上分配未标记的流量，Native VLAN检测并识别来自中继链路每一端的流量。默认情况下，Native VLAN是VLAN 1，但它可以更改为任何数字，如VLAN 10、VLAN 20、VLAN 99等。

13.4.3　交换机接口模式

现网中属于同一个VLAN的用户可能会被连接在不同的交换机上，且跨越交换机的VLAN可能不止一个，如果需要用户间的互通，就需要交换机之间的接口能够同时识别和发送多个VLAN的数据帧。根据接口连接对象以及对收发数据帧处理的不同，当前有VLAN的多种接口类型，以适应不同的连接和组网，不同厂商对VLAN接口类型的定义也不同。对于华为设备来说，常见的VLAN接口类型有三种，包括Access、Trunk和Hybrid。对于思科设备来说，VLAN接口常见的类型也有三种，包括auto、access和trunk。

（1）Access接口一般用于和不能识别Tag的用户终端（如用户主机、服务器）相连，或者不需要区分不同VLAN成员时使用。在一个VLAN交换网络中，以太网数据帧主要有以下两种形式：无标记帧（Untagged帧），指原始的、未加入4字节VLAN标签的帧；有标记帧（Tagged帧），指加入了4字节VLAN标签的帧。Access接口大部分情况下只能收发Untagged帧，且只能为Untagged帧添加唯一的VLAN Tag。交换机内部只处理Tagged帧，所以Access接口需要给收到的数据帧添加VLAN Tag，也就必须给接口划分VLAN。接口划分VLAN后，该Access接口也就加入了该VLAN。当Access接口收到带有Tag的帧，并且帧中VID与PVID相同时，Access接口也能接收并处理该帧。在发送带有Tag的帧前，Access接口会剥离Tag。

（2）Trunk接口一般用于连接交换机、路由器、AP以及可同时收发Tagged帧和Untagged帧的语音终端。它可以允许多个VLAN的帧带Tag通过，但只允许属于缺省VLAN的帧从该类接口上发出时不带Tag（即剥离Tag）。Trunk接口上的缺省VLAN，有的厂商也将它定义为Native VLAN。当Trunk接口收到Untagged帧时，会为Untagged帧打上Native VLAN对应的Tag。

13.5　任务实施

（1）本实验相关信息配置参见表13-1。

表13-1　VLAN管理表

设备名	VLAN ID	VLAN 名称	网络地址
Switch1	10	it-dept	192.168.10.1/24
	20	sales-dept	192.168.20.1/24
Switch2	10	it-dept	192.168.10.2/24
	20	sales-dept	192.168.20.2/24

（2）对交换设备进行初始化，并根据表13-1创建VLAN。

```
Switch>enable
Switch#configure terminal
Switch(config)#noIPdomain-lookup
Switch(config)#hostname Switch1
Switch1(config)#line console 0
Switch1(config-line)#logging synchronous
Switch1(config-line)#exec-timeout  0 0
Switch1(config-line)#exit
Switch1(config)#vlan 10
Switch1(config-vlan)#name it-dept
Switch1(config-vlan)#exit
Switch1(config)#vlan 20
Switch1(config-vlan)#name sales-dept
Switch1(config-vlan)#exit
Switch>enable
Switch#configure terminal
Switch(config)#noIPdomain-lookup
Switch(config)#hostname Switch2
Switch2(config)#line console 0
Switch2(config-line)#logging synchronous
Switch2(config-line)#exec-timeout  0 0
Switch2(config-line)#exit
Switch2(config)#vlan 10
Switch2(config-vlan)#name it-dept
Switch2(config-vlan)#exit
Switch2(config)#vlan 20
Switch2(config-vlan)#name sales-dept
Switch2(config-vlan)#exit
```

（3）配置完成后，在交换机上创建SVI接口，并根据表13-1配置
网络地址。

```
Switch1(config)#interface vlan 10
```

```
Switch1(config-if)#ip address 192.168.10.1 255.255.255.0
Switch1(config-if)#no shutdown
Switch1(config-if)#exit
Switch1(config)#interface vlan 20
Switch1(config-if)#ip address 192.168.20.1 255.255.255.0
Switch1(config-if)#no shutdown
Switch1(config-if)#exit
Switch2(config)#interface vlan 10
Switch2(config-if)#ip address 192.168.10.2 255.255.255.0
Switch2(config-if)#no shutdown
Switch2(config-if)#exit
Switch2(config)#interface vlan 20
Switch2(config-if)#ip address 192.168.20.2 255.255.255.0
Switch2(config-if)#no shutdown
Switch2(config-if)#exit
```

（4）配置完成后，使用"showIPinterface brief"指令检查接口网络地址的配置情况，此时可以发现VLAN10和VLAN20接口的网络地址配置成功，但接口的状态显示为"down"。

```
Switch1#showIPinterface brief
Interface              IP-Address        OK? Method Status      Protocol
GigabitEthernet0/0     unassigned        YES unset  up          up
GigabitEthernet0/1     unassigned        YES unset  up          up
GigabitEthernet0/2     unassigned        YES unset  up          up
GigabitEthernet0/3     unassigned        YES unset  up          up
Vlan10                 192.168.10.1      YES manual down        down
Vlan20                 192.168.20.1      YES manual down        down
```

（5）要使SVI接口正常工作，必须将该VLAN划分到至少一个可用接口，再检查VLAN划分。可以看到，当前接口默认情况下都属于VLAN1，属于VLAN10和VLAN20的接口暂不存在。

```
Switch1#show vlan brief
VLAN Name                     Status   Ports
---- ---------------------------- --------- ------------------------------
1    default                  active   Gi0/0, Gi0/1, Gi0/2, Gi0/3
10   it-dept                  active
20   sales-dept               active
1002 fddi-default             act/unsup
1003 token-ring-default       act/unsup
1004 fddinet-default          act/unsup
1005 trnet-default            act/unsup
```

（6）在 Switch1 和 Switch2 上把 Gig0/0 接口划分到指定的 VLAN10。

```
Switch1(config)#interface gigabitEthernet 0/0
Switch1(config-if)#switchport mode access
Switch1(config-if)#switchport access vlan 10
Switch1(config-if)#end
Switch2(config)#interface gigabitEthernet 0/0
Switch2(config-if)#switchport mode access
Switch2(config-if)#switchport access vlan 10
Switch2(config-if)#end
```

（7）再次检查 VLAN 划分情况，此时可以看到，属于 VLAN10 的接口为 Gi0/0。

```
Switch2#show vlan brief

VLAN Name                     Status   Ports
---- ---------------------------- --------- ------------------------------
1    default                  active   Gi0/1, Gi0/2, Gi0/3
10   it-dept                  active   Gi0/0
20   sales-dept               active
```

```
1002 fddi-default          act/unsup
1003 token-ring-default    act/unsup
1004 fddinet-default       act/unsup
1005 trnet-default  act/unsup
```

（8）再次检查接口状态，发现VLAN10能够正常工作，但VLAN20的状态仍然为"down"，此时交换机之间相连的线只有一根，根据前面的理论知识学习可知，一个接口只能划分到一个VLAN。

```
Switch2#showIPinterface brief
Interface            IP-Address     OK? Method Status    Protocol
GigabitEthernet0/0   unassigned     YES unset  up        up
GigabitEthernet0/1   unassigned     YES unset  up        up
GigabitEthernet0/2   unassigned     YES unset  up        up
GigabitEthernet0/3   unassigned     YES unset  up        up
Vlan10               192.168.10.2   YES manual up        up
Vlan20               192.168.20.2   YES manual down      down
```

（9）在Switch2上使用ping工具进行连通性测试，发现VLAN10之间可以相互通信，VLAN20之间无法相互通信。

```
Switch2#ping 192.168.10.1
Type escape sequence to abort.
Sending 5, 100-byte ICMP Echos to 192.168.10.1, timeout is 2 seconds:
.!!!!
Success rate is 80 percent (4/5), round-trip min/avg/max = 2/2/4 ms
Switch2#ping 192.168.20.1
Type escape sequence to abort.
Sending 5, 100-byte ICMP Echos to 192.168.20.1, timeout is 2 seconds:
.....
Success rate is 0 percent (0/5)
```

13.6　任务评价

根据任务完成情况，进行学习任务综合评价，见表13-2。

表13-2　学习任务综合评价表

考核项目	评价内容	成绩（分）	评价分数		
			自我评价	小组评价	教师评价
职业素养	安全和责任意识强，遵守健康及安全标准	10			
	团队合作意识强，能与同学分享知识及专业技能	10			
	现场管理符合 8S 标准，做好定期整理工作	10			
专业能力	是否理解 VLAN 的划分作用	10			
	是否能够理解接口 ACCESS 模式的作用	10			
	是否能够理解接口 TRUNK 模式的作用	10			
	是否能够理解 SVI 接口的作用	10			
工作成果	完成 VLAN 的创建和接口划分管理	10			
	完成 TRUNK 接口的配置和管理	10			
	完成单臂路由 /VLAN 间路由的配置和管理	10			
总分		100			
综合评价	综合评价 = 自我评价 ×20%+ 小组评价 ×30%+ 教师评价 ×50%	教师签名			

13.7　扩展知识

DTP（Dynamic Trunking Protocol）协商。DTP通常在Cisco IOS交换机上使用，以协商接口是否应成为接入端口或中继。默认情况下，DTP处于启用状态，交换机的接口将处于"动态自动"或"动态所需"模式。这意味着每当收到请求形成中继的DTP数据包时，接口将处于中继模式。Cisco交换机使用DTP来协商是否应将两台交换机之间的互连置于接入模式或中继模式。它既是为了简化交换网络的初始部署，也是为了最大限度地减少由于两台交换机之间的互连上的端口配置不匹配而导致的配置错误。

如果两个端口都是动态自动的，它们将充当访问端口。如果它们中的任何一个都是动态可取的，那么两个都将就中继达成一致；如果其中一个是动态的，另一个是静态的，则模式由静态设置的端口决定。DTP协议未经身份验证，这意味着工作站可以发送假的DTP数据包，伪装成交换机。如果将交换机端口配置为动态端口，则攻击者可以诱使交换机端口成为中继端口，并且他将有权访问该中继上允许的所有VLAN。因此，在安装网络后，最佳做法是设置为静态设置模式，并使用命令"switchport nonegotiate"在端口上停用DTP协议（此命令仅对中继端口是必需的，因为静态访问端口不会自动发送DTP数据包）。

习 | 思考练习

　　根据本章所学知识，在任务一的基础上，解决单条链路划分一个VLAN导致出现多个VLAN的情况下，VLAN10可以正常通信，VLAN20无法通信的问题。接口如果处于Access模式，那么该接口只能划分到特定的VLAN中并且只允许没有携带VLAN标记或者携带相同VLAN标记的流量进行通信。如果需要在该链路上允许多个VLAN通行，则需要把接口模式改为TRUNK，TRUNK模式下可以允许多个VLAN的帧带Tag通过。

VTP 服务

14.1　任务引言

要承载VLAN的流量，必须首先在交换机上配置该VLAN。因此，如果用户想要将帧从源发送到目标，并且它们之间的最短路径包含1000个交换机，必须首先在所有1000台交换机上手动配置相同的VLAN。管理员无法轻松地在1000台交换机上手动配置相同的VLAN，但通过配置VTP简化管理员的负担。

14.2　任务目标

（1）能够理解VTP的作用和意义。
（2）能够掌握VTP的配置和管理。

14.3　任务情景

VTP在交换机之间传输VLAN信息时有一些要求：

（1）用户要配置的交换机上的VTP版本必须相同；

（2）交换机上的VTP域名必须相同；

（3）其中一个交换机必须是服务器；

（4）如果应用了身份验证，则身份验证应匹配。因此本实验采用的VTP配置信息分别为：版本2，配置VTP域名为"example.com"，Switch1为Server模式，Switch2为Client模式，Switch3为Transparent模式，配置VTP密码为"ciscopwd"。拓扑如图14-1所示。

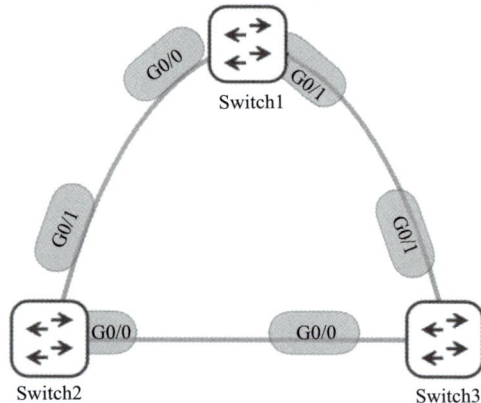

图14-1　配置VTP版本2

14.4　理论知识

VTP是CISCO专有协议，用于维护整个网络的一致性，或者可以说在同一VTP域中同步VLAN信息。VTP允许用户添加、删除和重命名VLAN，然后将其传播到VTP域中的其他交换机，VTP通告需要通过802.1Q和ISL中继发送。

14.4.1　VTP域

VTP域由共享相同VTP域名的所有交换机定义，一个交换机只能位于一个域中。默认情况下，思科交换机未分配VTP域名。当它们通过中继链路接收VTP通告时，将继承通告消息中找到的域名和VTP修订版号。在VTP服务器上所做的所有更改仅传播到VTP域中的交换机。如果交换机配置了不同的VTP域名，那么它既不会接收播发，也不会更新其VLAN数据库。

14.4.2　VTP模式

VTP为交换机设备提供三种模式。

（1）服务器模式，默认情况下交换机设置为此模式。此模式允许用户创建、添加和删除VLAN。要进行的更改应在此模式下完成。在此模式（特定交换机上）上所做的任何更改都将播发到同一VTP域中的所有交换机，配置保存在NVRAM中。

（2）客户端模式，在此模式下，交换机接收更新，还可以将更新转发到其他交换机（位于同一VTP域中）。此处收到的更新不会保存在NVRAM中，因此，如果重置或重新加载交换机，则所有配置都将被删除，即交换机将仅学习并将VTP摘要通告传递给其他交换机。

（3）透明模式，此模式仅通过中继链路转发VTP摘要通告。透明模式交换机可以创建自己的本地数据库，这些数据库对其他交换机保密。透明模式的目的是转发VTP摘要播发，但不参与VLAN分配。

14.4.3　配置修订版号

配置修订版号是一个32位数字，表示VTP数据包的修订版级别。每个交换机都会跟踪此配置号，以便发现收到的信息比当前版本更新。每当服务器交换机对VLAN进行一次修改时，配置修订版号都会增加1。客户端模式设备接收它，并通过将其自己的配置号与收到的编号进行比较，来检查它们收到的配置修订版号是否是最新的。如果配置编号大于自己的编号，则设备将更新其配置并将其传递给同一VTP域的其他客户端。如果配置号相同，则设备只需将其传递给同一VTP域的其他客户端即可。

14.4.4　VTP版本

VTP版本1支持以下功能：旧款思科交换机的默认值。仅当消息中找到的域和版本等于VTP消息本身时，VTP透明交换机才会中继VTP消息。即使在透明模式下，它也仅支持正常的VLAN范围（1~1005），它会删除未知的TLV（类型—长度—值）。

VTP版本2与版本1相比，VTP版本2具有以下改进：新款思科交换机的默认值。VTP透明交换机中继VTP消息，而无须检查域名和版本号。它支持透明模式下的扩展VLAN范围（1006~4094）。从VTP消息接收到新信息时，不会执行一致性检查。如果收到的VTP消息上的MD5摘要正确，则接受该信息。它中继未知的TLV消息（类型—长度—值）。

14.4.5　VTP修剪

使用VTP时，每个交换机都具有所有VLAN，因为VTP会同步域中所有设备的VLAN数据库。例如，如果网络拓扑有100个VLAN，则每个交换机在数据库中都有这100个VLAN，并允许在中继链路上使用，并且每个交换机都接收来自所有VLAN的BUM帧。因此，VTP修剪功能可以优化网络中不必要的广播流量泛洪到其他非必要的交换机上。

14.5　任务实施

（1）VTP消息需要通过TRUNK进行封装，因此在配置VTP之前应对交换机进行初始化配置。请在Switch1、Switch2和Switch3相连的接口上配置TRUNK模式。

```
Switch1(config)#interface range gigabitEthernet 0/0-1
Switch1(config-if-range)#switchport trunk encapsulation dot1q
Switch1(config-if-range)#switchport mode trunk
Switch1(config-if-range)#exit
```

```
Switch2(config)#interface range gigabitEthernet 0/0-1
Switch2(config-if-range)#switchport trunk encapsulation dot1q
Switch2(config-if-range)#switchport mode trunk
Switch2(config-if-range)#exit
Switch3(config)#interface range gigabitEthernet 0/0-1
Switch3(config-if-range)#switchport trunk encapsulation dot1q
Switch3(config-if-range)#switchport mode trunk
Switch3(config-if-range)#exit
```

（2）在 Switch1 上配置 VTP，根据前提要求设置 VTP 的各项参数要求。

```
Switch1(config)#vtp domain example.com
Switch1(config)#vtp version 2
Switch1(config)#vtp mode server
Switch1(config)#vtp password ciscopwd
```

（3）在 Switch2 上配置 VTP，根据前提要求设置 VTP 的各项参数要求。

```
Switch2(config)#vtp domain example.com
Switch2(config)#vtp version 2
Switch2(config)#vtp mode client
Switch2(config)#vtp password ciscopwd
```

（4）在 Switch3 上配置 VTP，根据前提要求设置 VTP 的各项参数要求。

```
Switch3(config)#vtp domain example.com
Switch3(config)#vtp version 2
Switch3(config)#vtp mode transparent
Switch3(config)#vtp password ciscopwd
```

（5）配置完成后，此时只能在Server模式和Transparent模式下的交换机上创建和管理VLAN。在Switch1上创建VLAN10和VLAN20，VLAN创建成功后一定要执行"exit"指令退出VLAN配置模式，该VLAN才会被通告给其他交换机。

```
Switch1(config)#vlan 10
Switch1(config-vlan)#vlan 20
Switch1(config-vlan)#exit
```

（6）在Switch1上创建好VLAN后，此时来到Switch2上检查VLAN同步情况，可以发现当前设备能够动态学习到VLAN10和VLAN20的信息。

```
Switch2#show vlan brief

VLAN Name                        Status    Ports
---- -------------------------- --------- ------------------------------
1    default                    active    Gi0/2, Gi0/3
10   VLAN0010                   active
20   VLAN0020                   active
1002 fddi-default               act/unsup
1003 trcrf-default              act/unsup
1004 fddinet-default            act/unsup
1005 trbrf-default              act/unsup
```

（7）在Switch3上检查VLAN同步情况，可以发现当前设备并没有动态学习到VLAN10和VLAN20的信息。

```
Switch3#show vlan brief

VLAN Name                        Status    Ports
---- -------------------------- --------- ------------------------------
1    default                    active    Gi0/2, Gi0/3
1002 fddi-default               act/unsup
```

```
1003 trcrf-default              act/unsup
1004 fddinet-default            act/unsup
1005 trbrf-default              act/unsup
```

（8）至此，本节实验成功完成，如需检查Switch1的VTP状态信息，可以在交换机上执行"show vtp status"指令查看。

```
Switch1#show vtp status
VTP Version capable         : 1 to 3
VTP version running         : 2
VTP Domain Name             : example.com
VTP Pruning Mode            : Disabled
VTP Traps Generation        : Disabled
Device ID                   : 5000.0003.0000
Configuration last modified by 0.0.0.0 at 4-12-22 02:47:06
Local updater ID is 0.0.0.0 (no valid interface found)


Feature VLAN:
--------------
VTP Operating Mode                  : Server
Maximum VLANs supported locally     : 1005
Number of existing VLANs            : 7
Configuration Revision              : 3
MD5 digest                          : 0x2D 0xFF 0x4D 0xA2 0x8B 0xA6 0xE5 0xE6
                                      0xBA 0x44 0x65 0x22 0x2B 0xC4 0x9F 0x29
```

（9）如需检查Switch2的VTP状态信息，可以在交换机上执行"show vtp status"指令查看。

```
Switch2#show vlan brief

VLAN Name                            Status    Ports
---- -------------------------------- --------- --------------------------------
1    default                         active    Gi0/2, Gi0/3
```

```
10   VLAN0010                 active
20   VLAN0020                 active
1002 fddi-default             act/unsup
1003 trcrf-default            act/unsup
1004 fddinet-default          act/unsup
1005 trbrf-default            act/unsup
Switch2#show vtp stat
Switch2#show vtp status
VTP Version capable          : 1 to 3
VTP version running          : 2
VTP Domain Name              : example.com
VTP Pruning Mode             : Disabled
VTP Traps Generation         : Disabled
Device ID                    : 5000.0001.0000
Configuration last modified by 0.0.0.0 at 4-12-22 02:47:06


Feature VLAN:
--------------

VTP Operating Mode                : Client
Maximum VLANs supported locally   : 1005
Number of existing VLANs          : 7
Configuration Revision            : 3
MD5 digest                        : 0x2D 0xFF 0x4D 0xA2 0x8B 0xA6 0xE5 0xE6
              0xBA 0x44 0x65 0x22 0x2B 0xC4 0x9F 0x29
```

（10）如需检查Switch3的VTP状态信息，可以在交换机上执行"show vtp status"指令查看。

```
Switch3#show vtp status
VTP Version capable          : 1 to 3
VTP version running          : 2
VTP Domain Name              : example.com
VTP Pruning Mode             : Disabled
VTP Traps Generation         : Disabled
```

```
Device ID                      : 5000.0002.0000
Configuration last modified by 0.0.0.0 at 4-12-22 02:43:55


Feature VLAN:
--------------
VTP Operating Mode             : Transparent
Maximum VLANs supported locally : 1005
Number of existing VLANs       : 5
Configuration Revision         : 0
MD5 digest                     : 0x9A 0x85 0x52 0x2E 0x98 0x79 0xE5 0x46
                    0x0D 0x3A 0x5C 0x65 0xD7 0x30 0x2B 0x41
```

14.6 任务评价

根据任务完成情况，进行学习任务综合评价，见表14-1。

表14-1 学习任务综合评价表

考核项目	评价内容	成绩(分)	评价分数		
			自我评价	小组评价	教师评价
职业素养	安全和责任意识强，遵守健康及安全标准	10			
	团队合作意识强，能与同学分享知识及专业技能	10			
	现场管理符合 8S 标准，做好定期整理工作	10			
专业能力	是否理解 VTP 域名的作用	10			
	是否理解 VTP 版本的作用	10			
	是否理解 VTP 修剪的作用	10			
	是否理解 VTP 模式的作用	10			
工作成果	完成 VTP 服务器模式的配置和管理	10			
	完成 VTP 客户端模式的配置和管理	10			
	完成 VTP 透明模式的配置和管理	10			
总分		100			
综合评价	综合评价 = 自我评价 ×20%+ 小组评价 ×30%+ 教师评价 ×50%	教师签名			

14.7　扩展知识

　　VTP版本3与版本1和版本2相比，具有许多重要功能和改进，例如，它支持播发中的扩展VLAN范围（VLAN1006~4094），而版本1和版本2仅适用于VLAN1~1005。它支持专用VLAN（专用VLAN是一种将单个VLAN划分为隔离的子VLAN的技术），并且支持多生成树（MST）信息的播发。它支持增强的身份验证，密码可以配置为隐藏或机密。它支持关闭VTP的选项。在版本1和版本2中，只能将VTP设置为透明模式，但无法完全关闭它。它通过VTP主服务器和VTP辅助服务器的概念，可以更好地控制VLAN数据库，解决了VTP版本1和VTP版本2中存在的修订覆盖问题。即使rouge交换机作为具有相同域/密码和更高修订版号的VTP服务器连接到网络，它也不会覆盖VLAN数据库，因为它没有VTP主服务器权限（这些权限由网络管理员手动提供）。

思考练习

　　请根据本章所学知识，在原有的配置拓扑上，移除VTP版本2的配置，并配置为VTP版本3。

生成树协议

15.1　任务引言

　　生成树协议是将一个存在物理环路的网络变成一个没有环路的逻辑树形网络。它启用BPDU消息来监测环路，通过关闭选择的接口来取消环路。IEEE802.1d协议通过在交换机上运行一套复杂的算法STA（Spanning Tree Algorithm），使冗余端口置于"阻断状态"，使接入网络的计算机在与其他计算机通信时，只有一条链路生效，而当这个链路出现故障无法使用时，IEEE802.1d协议会重新计算网络链路，将处于"阻断状态"的端口重新打开，从而既保障了网络正常运转，又保证了冗余能力。

15.2　任务目标

　　（1）能够理解理解生成树协议的作用和意义。
　　（2）能够理解生成树选举的过程和原理。

（3）能够掌握生成树的配置和管理。

15.3　任务情景

生成树规划，CoreSwitch作为VLAN10、VLAN20、VLAN30、VLAN40和VLAN50的根，ACSwitch1作为VLAN10、VLAN20和VLAN30的备份根，ACSwitch2作为VLAN40和VLAN50的备份根。所有交换设备配置快速生成树模式。拓扑如图15-1所示。

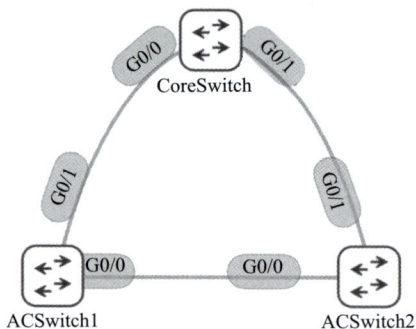

图15-1　生成树

15.4　理论知识

15.4.1　生成树角色和身份

（1）桥ID：STP使用桥ID跟踪网络中的所有交换机，最小的桥ID成为桥根（Cisco交换机默认优先级为32768）。

（2）桥根：拥有最优桥ID的交换机，桥根选举出来后，作为当前网络转发的参考点。

（3）非桥根：就是除了桥根以外的交换机，它们会通过交换BPUD在所有交换机中更新拓扑，确认最优的路径，进行数据包的转发。

（4）端口开销：取决于接口的带宽的大小。通过交换机之间的开销和累积的路径开销，计算去往根桥交换机最优的路径。

（5）根端口：去往根桥交换机最优的端口。

（6）指定端口：通过其根端口到达桥根开销最低的端口，其后会被标记为转发端口。

（7）非指定端口：将会被设置为阻塞状态，不能进行数据转发。

15.4.2　生成树工作流程

（1）选"根"，作为全网的参考点；

（2）在每个非根桥交换机上，选一个根端口；

（3）每一条链路选一个指定接口；

（4）剩下的端口设置为阻塞状态。

15.4.3　生成树版本对比

STP是在1985年被DEC（数据设备公司）开发出来。1990年，IEEE公布了首个协议标准。公有生成树和Cisco私有生成树协议标准对比如表15-1所示。

表15-1　生成树版本对比

协议	标准	所需资源	收敛速度	生效范围
CST	802.1D	低	慢	所有 VLAN
PVST+	Cisco	高	慢	每 VLAN
RSTP	802.1w	中	快	所有 VLAN
PVRST+	Cisco	很高	快	每 VLAN
MSTP	802.1s	中 / 高	快	VLAN 列表

15.5　任务实施

（1）在ACSwitch1、ACSwitch2和CoreSwitch进行基础配置，把交换机之间的相连接口开启TRUNK模式。

```
Switch>en
Switch#conf t
Switch(config)#noIPdomain loo
Switch(config)#line con 0
```

```
Switch(config-line)#logg sy
Switch(config-line)#exec-timeout 0
Switch(config-line)#exit
Switch(config)#hostname ACSwitch1
ACSwitch1(config)#int ra gi 0/0-1
ACSwitch1(config-if-range)#switchport trunk encapsulation dot1q
ACSwitch1(config-if-range)#switchport mode trunk
Switch>en
Switch#conf t
Switch(config)#noIPdomain loo
Switch(config)#line con 0
Switch(config-line)#logg sy
Switch(config-line)#exec-timeout 0
Switch(config-line)#exit
Switch(config)#hostname ACSwitch2
ACSwitch2(config)#int ra gi 0/0-1
ACSwitch2(config-if-range)#switchport trunk encapsulation dot1q
ACSwitch2(config-if-range)#switchport mode trunk
Switch>en
Switch#conf t
Switch(config)#noIPdomain loo
Switch(config)#line con 0
Switch(config-line)#logg sy
Switch(config-line)#exec-timeout 0
Switch(config-line)#exit
Switch(config)#hostname CoreSwitch
CoreSwitch(config)#int ra gi 0/0-1
CoreSwitch(config-if-range)#switchport trunk encapsulation dot1q
CoreSwitch(config-if-range)#switchport mode trunk
```

（2）在所有交换机上修改STP的模式为快速生成树模式。

```
CoreSwitch(config)#spanning-tree mode rapid-pvst
ACSwitch1(config)#spanning-tree mode rapid-pvst
```

```
ACSwitch2(config)#spanning-tree mode rapid-pvst
```

（3）配置VTP，在CoreSwitch上集中配置VLAN。

```
CoreSwitch(config)#vtp domain example.com
CoreSwitch(config)#vtp version 2
CoreSwitch(config)#vlan 10
CoreSwitch(config-vlan)#vlan 20
CoreSwitch(config-vlan)#vlan 30
CoreSwitch(config-vlan)#vlan 40
CoreSwitch(config-vlan)#vlan 50
CoreSwitch(config-vlan)#exit
```

（4）如需查看生成树的状态信息，可以在特权模式下执行"show spanning-tree summary"指令。

```
CoreSwitch#show spanning-tree summary
Switch is in rapid-pvst mode
Root bridge for: none
Extended system ID                      is enabled
Portfast Default                        is disabled
Portfast Edge BPDU Guard Default        is disabled
Portfast Edge BPDU Filter Default       is disabled
Loopguard Default                       is disabled
PVST Simulation Default                 is enabled but inactive in rapid-pvst mode
Bridge Assurance                        is enabled
EtherChannel misconfig guard            is enabled
Configured Pathcost method used         is short
UplinkFast                              is disabled
BackboneFast                            is disabled
```

（5）在CoreSwitch上查看当前生成树的根桥，当前生成树的根桥为"5000.0003.0000"。

```
CoreSwitch#show spanning-tree bridge
                              Hello Max Fwd
Vlan               Bridge ID        Time Age Dly Protocol
---------------- -------------------------------- ----- --- --- --------
VLAN0001     32769 (32768,  1) 5000.0003.0000   2   20   15  rstp
VLAN0010     32778 (32768, 10) 5000.0003.0000   2   20   15  rstp
VLAN0020     32788 (32768, 20) 5000.0003.0000   2   20   15  rstp
VLAN0030     32798 (32768, 30) 5000.0003.0000   2   20   15  rstp
VLAN0040     32808 (32768, 40) 5000.0003.0000   2   20   15  rstp
VLAN0050     32818 (32768, 50) 5000.0003.0000   2   20   15  rstp
```

（6）在CoreSwitch交换机上查看某个VLAN的生成树状态，此处以查看VLAN10为例。当前生成树计算完成后将Gi0/1接口设置为阻塞端口。

```
CoreSwitch#show spanning-tree vlan 10
VLAN0010
  Spanning tree enabled protocol rstp
  Root ID    Priority    32778
             Address    5000.0001.0000
             Cost       4
             Port       1 (GigabitEthernet0/0)
             Hello Time  2 sec  Max Age 20 sec  Forward Delay 15 sec
  Bridge ID  Priority    32778  (priority 32768 sys-id-ext 10)
             Address    5000.0003.0000
             Hello Time  2 sec  Max Age 20 sec  Forward Delay 15 sec
             Aging Time  300 sec
Interface       Role Sts Cost    Prio.Nbr Type
------------------ ---- --- -------- -------- --------------------------------
Gi0/0          Root FWD 4       128.1   Shr
Gi0/1          Altn BLK 4       128.2   Shr
```

（7）如果需要将CoreSwitch配置为根桥，可以通过修改生成树的优先级实现。本实验通过"root primary"的方式进行配置，在思科设备中，使用 "root primary" 指令只是动态地计算当前成为根桥应该设置多少优先级，对于华为设备，该指令会将当前生成树的优先级设置为 "0"。

CoreSwitch(config)#spanning-tree vlan 10,20,30,40,50 root primary

（8）查看当前生成树状态。

```
CoreSwitch#show spanning-tree vlan 10
VLAN0010
  Spanning tree enabled protocol rstp
  Root ID    Priority    24586
             Address     5000.0003.0000
             This bridge is the root
             Hello Time  2 sec  Max Age 20 sec  Forward Delay 15 sec

  Bridge ID  Priority    24586  (priority 24576 sys-id-ext 10)
             Address     5000.0003.0000
             Hello Time  2 sec  Max Age 20 sec  Forward Delay 15 sec
             Aging Time  300 sec
Interface         Role Sts Cost    Prio.Nbr Type
------------------- ---- --- --------- -------- --------------------------------
Gi0/0             Desg FWD 4       128.1   Shr
Gi0/1             Desg FWD 4       128.2   Shr
```

（9）在ACSwitch1和ACSwitch2上配置备份根桥。

ACSwitch1(config)#spanning-tree vlan 10,20,30 root secondary
ACSwitch2(config)#spanning-tree vlan 40,50 root secondary

（10）在ACSwitch1上检查STP状态。

```
ACSwitch1#show spanning-tree vlan 10
VLAN0010
```

```
Spanning tree enabled protocol rstp
Root ID    Priority    24586
           Address    5000.0003.0000
           Cost       4
           Port       2 (GigabitEthernet0/1)
           Hello Time  2 sec  Max Age 20 sec  Forward Delay 15 sec

Bridge ID  Priority    28682  (priority 28672 sys-id-ext 10)
           Address    5000.0001.0000
           Hello Time  2 sec  Max Age 20 sec  Forward Delay 15 sec
           Aging Time  300 sec


Interface       Role Sts Cost    Prio.Nbr Type
------------------- ---- --- --------- -------- ------------------------------
Gi0/0          Desg FWD 4       128.1   Shr
Gi0/1          Root FWD 4       128.2   Shr
```

（11）在ACSwitch2上检查STP状态。

```
ACSwitch2#show spanning-tree vlan 40


VLAN0040
 Spanning tree enabled protocol rstp
 Root ID    Priority    24616
            Address    5000.0003.0000
            Cost       4
            Port       2 (GigabitEthernet0/1)
            Hello Time  2 sec  Max Age 20 sec  Forward Delay 15 sec

 Bridge ID  Priority    28712  (priority 28672 sys-id-ext 40)
            Address    5000.0002.0000
            Hello Time  2 sec  Max Age 20 sec  Forward Delay 15 sec
            Aging Time  300 sec
```

```
Interface         Role Sts Cost     Prio.Nbr Type
----------------- ---- --- --------- -------- -------------------------------

Gi0/0             Desg FWD 4        128.1    Shr
Gi0/1             Root FWD 4        128.2    Shr
```

（12）在ACSwitch2上检查当前生成树网络的阻塞端口情况。

```
ACSwitch2#show spanning-tree vlan 10


VLAN0010
  Spanning tree enabled protocol rstp
  Root ID    Priority    24586
             Address     5000.0003.0000
             Cost        4
             Port        2 (GigabitEthernet0/1)
             Hello Time  2 sec  Max Age 20 sec  Forward Delay 15 sec


  Bridge ID  Priority    32778  (priority 32768 sys-id-ext 10)
             Address     5000.0002.0000
             Hello Time  2 sec  Max Age 20 sec  Forward Delay 15 sec
             Aging Time  300 sec


Interface         Role Sts Cost     Prio.Nbr Type
----------------- ---- --- --------- -------- -------------------------------

Gi0/0             Altn BLK 4        128.1    Shr
Gi0/1             Root FWD 4        128.2    Shr
```

（13）通过控制接口的开关实现控制阻塞端口。

```
ACSwitch2(config)#interface gigabitEthernet 0/1
ACSwitch2(config-if)#spanning-tree vlan 10,20,30 cost 10
ACSwitch2(config-if)#end
```

（14）在ACSwitch2上检查当前生成树网络的阻塞端口情况，此时阻塞端口改为"Gi0/1"，本实验完成。

```
ACSwitch2#show spanning-tree vlan 10


VLAN0010
  Spanning tree enabled protocol rstp
  Root ID    Priority    24586
             Address     5000.0003.0000
             Cost        8
             Port        1 (GigabitEthernet0/0)
             Hello Time  2 sec  Max Age 20 sec  Forward Delay 15 sec


  Bridge ID  Priority    32778  (priority 32768 sys-id-ext 10)
             Address     5000.0002.0000
             Hello Time  2 sec  Max Age 20 sec  Forward Delay 15 sec
             Aging Time  300 sec


Interface        Role Sts Cost    Prio.Nbr Type
---------------- ---- --- -------- -------- --------------------------------
Gi0/0            Root FWD 4        128.1    Shr
Gi0/1            Altn BLK 10       128.2    Shr
```

15.6 任务评价

根据任务完成情况，进行学习任务综合评价，见表15-2。

表15-2 学习任务综合评价表

考核项目	评价内容	成绩（分）	评价分数		
			自我评价	小组评价	教师评价
职业素养	安全和责任意识强，遵守健康及安全标准	10			
	团队合作意识强，能与同学分享知识及专业技能	10			
	现场管理符合 8S 标准，做好定期整理工作	10			

续表

考核项目	评价内容	成绩（分）	评价分数		
			自我评价	小组评价	教师评价
专业能力	是否理解生成树选举过程	10			
	是否理解生成树端口管理的过程	10			
	是否理解生成树版本之间的差异	10			
	是否理解生成树特性功能的使用场景	10			
工作成果	完成生成树的选举管理	10			
	完成生成树的端口管理	10			
	完成生成树的版本管理	10			
总分		100			
综合评价	综合评价 = 自我评价 ×20%+ 小组评价 ×30%+ 教师评价 ×50%	教师签名			

15.7　扩展知识

15.7.1　生成树特性：BPDU Guard

BPDU Guard是对BPDU的一个保护机制，用来防止网络环路。在PortFast模式下配置的端口配置了BPDU Guard，端口收到BPDU，BPDU Guard特性就会被激活，端口就会进入errdisable状态（不会进行任何数据的收发），需要手动恢复或者配置相应的恢复机制才能恢复到正常收发状态。

（1）在全局启用BPDU Guard功能，使用如下命令：

```
Sw(config)#spanning-tree portfast bpduguard default
```

（2）在接口启用BPDU Guard功能，使用如下命令：

```
Sw(config-if)#spanning-tree bpduguard enable
sw(config)#errdisable recovery cause bpduguard
```

```
sw(config)#errdisable recovery interval 30
```

15.7.2　生成树特性：BPDU Filter

　　BPDU Filter和BPDU Guard一样，也是和PortFast配合使用的。当PortFast功能在端口开启以后，端口会正常接收和发送BPDU报文。BPDU Guard的工作是阻止接收BPDU报文，不阻止发送BPDU报文。BPDU Filter的工作则是阻止该端口参与任何STP的BPDU报文接收和发送。接口启用BPDU Filter功能后，接口上BPDU Guard则不起作用。

　　全局启用BPDU Filter功能时，有如下属性：①该交换机上所有开启了PortFast功能的端口都会启用BPDU Filter功能。②如果端口收到BPDU报文，这个端口将关闭PortFast状态，BPDU Filter功能也会丧失，从而成为普通端口参与STP。③刚开启的时候，端口会发送10个BPDU报文，如果期间收到任何BPDU报文，那么这个端口的PortFast和BPDU Filter功能会丧失。

　　接口启用BPDU Filter功能时，有如下属性：①端口忽略BPDU报文。②不发送任何BPDU报文。

　　（1）在全局启用BPDU FILTER功能，使用如下命令：

```
Sw(config)#spanning-tree portfast bpdufilter default
```

　　（2）在端口启用BPDU FILTER功能，使用如下命令：

```
Sw(config-if)#spanning-tree bpdufilter enable
```

15.7.3　生成树特性：Root Guard

　　Root Guard强制将端口设置为designated状态，从而阻止其他交换机成为根交换机。Root Guard捍卫了根桥在STP中的地位。开启Root Guard功能的接口收到了优先级更高的BPDU，交换机将接口状态变为root-inconsistent状态。Root Guard只能手动在所有需要的端口开启。端口处于root-inconsistent状态时，恢复过程是自动的，只要接口不再收到优先级别高的BPDU，端口就会通过正常的STP状态达到forwarding。

在接口启用Root Guard功能，使用如下命令：

```
Switch(config)# interface FastEthernet 5/8
Switch(config-if)# spanning-tree guard root
Switch(config-if)# end
```

15.7.4　生成树特性：Loop Guard

Loop Guard能够对二层转发环路（STP环路）提供额外的保护。在STP环境中，根据端口角色的不同，交换机会连续处于接收BPDU的状态（指定端口发送BPDU，而非指定端口接收BPDU）。当冗余拓扑中的STP阻塞端口错误地过渡到转发状态的时候，意味着网络产生桥接环路。

在启用Loop Guard之后，交换机将在过渡到STP转发状态前执行额外的检查。如果交换机在启用了Loop Guard的非指定端口上不能再接收到BPDU，交换机就会使该端口进入STP"不一致环路"阻塞状态。如果交换机在不一致环路STP状态的端口上重新接收到BPDU，该端口将根据所接收到的BPDU而过渡到STP状态。这个恢复过程是自动进行的，不需要任何人工干预。

（1）在接口启用Loop Guard功能，使用如下命令：

```
Switch(config-if)# spanning-tree guard loop
```

（2）全局性地启用Loop Guard功能之后，交换机只会在它认为是点到点链路的端口启用环路防护特性（全双工端口）。在全局启用Loop Guard功能，配置命令如下：

```
Switch(config)# spanning-tree loopguard default
```

思考练习

　　MSTP是一个公有生成树协议，在实际生产环境中得到了广泛应用。传统的生成树只运行一个实例，且收敛速度慢，RSTP在传统的STP基础上通过改进达到了加速网络拓扑收敛的目的，但是仍然有缺陷。由于STP和RSTP在整个局域网中，所有的VLAN共享一个生成树实例，因此无法实现基于VLAN的负载均衡，在网络环境稳定状态下，备份链路始终不能转发数据流量，从而造成带宽的浪费。思科生成树和公有生成树协议的区别在于，它允许每个VLAN维护一棵生成树，但是这种方式会造成VLAN数量多的时候，交换需要维护的生成树数目过多。因此，MSTP可以友好地解决两者的问题，既支持多树生成树，又解决了资料浪费的问题。

　　请在实验拓扑图7-1上进行生成树规划实验，将VLAN10、VLAN20、VLAN30合并到生成树实例一，VLAN40和VLAN50合并到生成树实例二。CoreSwitch作为两个合并后的生成树的根桥，ACSwitch1作为生成树实例一的备份根，ACSwitch2作为生成树实例二的备份根。

16

端口安全

16.1　任务引言

　　在部署园区网的时候，对于交换机需要部署相关的安全控制，如限制交换机每个端口下接入主机的数量（MAC地址数量）；限定交换机端口下所连接的主机（根据IP或MAC地址进行过滤）；当出现违例时间的时候能够检测到，并可采取惩罚措施。

16.2　任务目标

　　（1）能够理解接口接入层安全管理的重要性。

　　（2）能够理解端口安全的工作原理。

　　（3）能够掌握端口安全的配置和管理。

16.3   任务情景

在Switch设备的G0/0接口上配置Port-Security功能，从而限制该接口的主机通信。通过配置，仅允许Desktop-1和Desktop-2主机通信，禁止Desktop-3通信。在Switch上创建VLAN1的SVI接口，并在该接口上配置网络地址。客户端测试与交换机的SVI接口的连通性，从而判断实验是否生效。拓扑如图16-1所示。

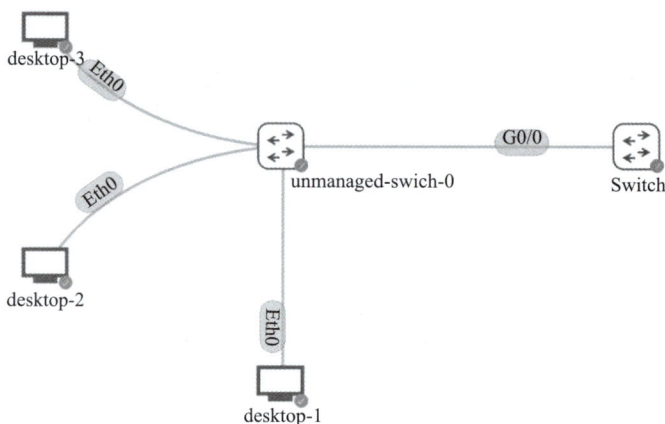

图16-1   端口安全管理

16.4   理论知识

端口安全（Port Security）功能将交换机接口学习到的MAC地址变为安全MAC地址（包括安全动态MAC和Sticky MAC），可以阻止除安全MAC和静态MAC之外的主机通过本接口和交换机通信，从而增强设备安全性。开启端口安全功能后，该端口上之前学习到的动态MAC地址表项会被删除，之后学习到的MAC地址将变为安全动态MAC地址，此时该端口仅允许匹配安全MAC地址或静态MAC地址的报文通过。若接着开启Sticky MAC功能，安全动态MAC地址表项将转化为Sticky MAC地址表项，之后学习到的MAC地址也变为Sticky MAC地址。直到安全MAC地址数量达到限制，将不再学习MAC地址，并对接口或报文采取配置的保护动作（关闭接口或者丢弃非安全地址的数据）。

安全MAC地址分为安全动态MAC地址、安全静态MAC地址与

Sticky MAC 地址。

（1）安全动态 MAC 地址，使能端口安全而未使能 Sticky MAC 功能时转换的 MAC 地址。但是，在设备重启后表项会丢失，需要重新学习。缺省情况下不会被老化，只有在配置安全 MAC 的老化时间后才可以被老化。安全动态 MAC 地址的老化类型分为绝对时间老化和相对时间老化。如设置绝对老化时间为 5 分钟：系统每隔 1 分钟计算 1 次每个 MAC 的存在时间，若大于或等于 5 分钟，则立即将该安全动态 MAC 地址老化，否则，等待 1 分钟再检测计算。如设置相对老化时间为 5 分钟：系统每隔 1 分钟检测 1 次是否有该 MAC 的流量，若没有流量，则经过 5 分钟后将该安全动态 MAC 地址老化。

（2）安全静态 MAC 地址，使能端口安全时手工配置的静态 MAC 地址不会被老化，手动保存配置后，重启设备也不会丢失。

（3）Sticky MAC 地址，使能端口安全后又同时使能 Sticky MAC 功能后转换到的 MAC 地址不会被老化，手动保存配置后重启设备不会丢失。

接口上安全 MAC 地址数达到限制后，如果收到源 MAC 地址不存在的报文，无论目的 MAC 地址是否存在，交换机即认为有非法用户攻击，就会根据配置的动作对接口做保护处理。缺省情况下，保护动作是丢弃该报文并上报告警。

（1）restrict，丢弃源 MAC 地址不存在的报文并上报告警。推荐使用 restrict 动作。

（2）protect，只丢弃源 MAC 地址不存在的报文，不上报告警。

（3）shutdown，接口状态被置为"error-down"，并上报告警。默认情况下，接口关闭后不会自动恢复，只能由网络管理人员在接口配置模式下执行"shutdown"指令，然后执行"no shutdown"指令重启接口进行恢复。

16.5 任务实施

（1）在任务开始之前，网络设备请根据表 16-1 进行初始化网络配置。

表16-1　网络地址分配表

设备名	接口	网络地址	掩码
Switch	Vlan1	192.168.10.254	255.255.255.0
Desktop-1	Eth0	192.168.10.1	255.255.255.0
Desktop-2	Eth0	192.168.10.2	255.255.255.0
Desktop-3	Eth0	192.168.10.3	255.255.255.0

（2）在desktop-1客户端上检查网络地址，并获取该地址的MAC地址为"52:54:00:10:87:47"，如图16-2所示。

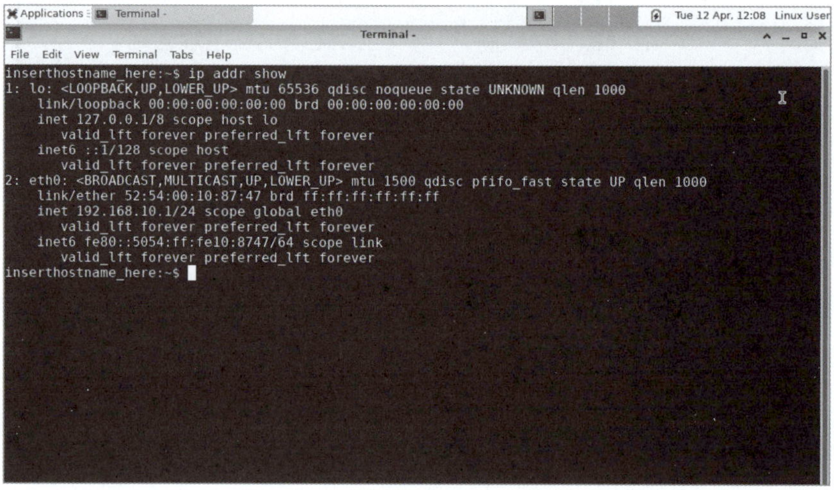

图16-2　在desktop-1上检查网络地址配置情况

（3）在desktop-2客户端上检查网络地址，并获取该地址的MAC地址为"52:54:00:12:3f:cf"，如图16-3所示。

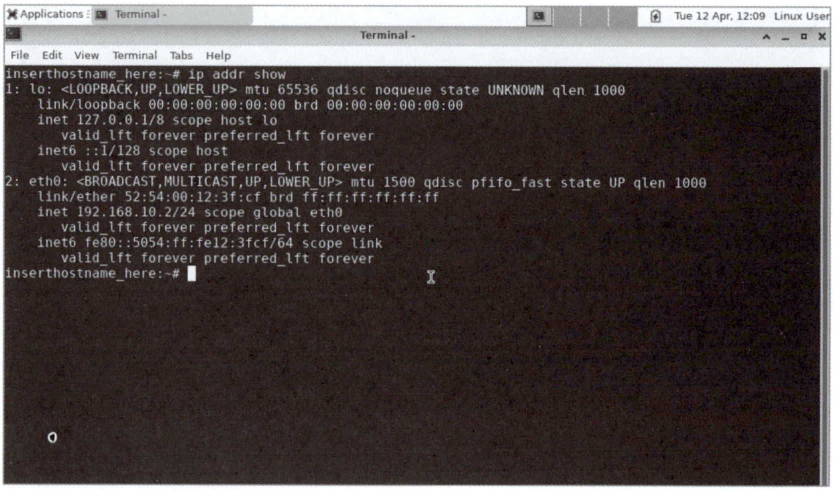

图16-3　在desktop-2上检查网络地址配置情况

（4）在desktop-3客户端上检查网络地址，并获取该地址的MAC
地址为"52:54:00:1f:3b:84"，如图16-4所示。

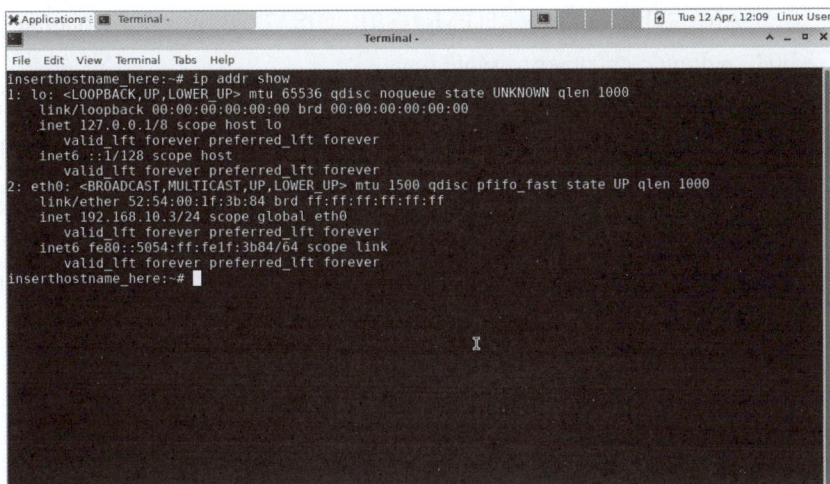

图16-4 在desktop-
3上检查网络地址
配置情况

（5）在Switch上配置端口安全，最大允许两台主机进行通信，并
且手工绑定当前接口允许接口MAC地址为"5254.0010.8747"和
"5254.0012.3fcf"的主机进行通信。

```
Switch(config)#interface gigabitEthernet 0/0
Switch(config-if)#switchport mode access
Switch(config-if)#switchport access vlan 1
Switch(config-if)#shutdown
Switch(config-if)#switchport port-security
Switch(config-if)#switchport port-security maximum 2
Switch(config-if)#switchport port-security mac-address 5254.0010.8747
Switch(config-if)#switchport port-security mac-address 5254.0012.3fcf
Switch(config-if)#no shutdown
Switch(config-if)#exit
```

（6）当端口安全配置成功，执行"no shutdown"指令激活接口，
此时如果Console日志开启的话，会在Console控制台上看到如下安全
日志警告。警告消息中，提示当前Gi0/0接口的状态为"err-disable"，
并且提示当前违规上网的设备MAC地址为"5254.001f.3b84"。根据前
面的客户端信息可知，该地址为desktop-3主机的MAC地址。

*Apr 12 12:12:53.486: %LINEPROTO-5-UPDOWN: Line protocol on Interface Vlan1, changed state to up

*Apr 12 12:13:06.737: %PM-4-ERR_DISABLE: psecure-violation error detected on Gi0/0, putting Gi0/0 in err-disable state

*Apr 12 12:13:06.738: %PORT_SECURITY-2-PSECURE_VIOLATION: Security violation occurred, caused byMACaddress 5254.001f.3b84 on port GigabitEthernet0/0.

*Apr 12 12:13:07.737: %LINEPROTO-5-UPDOWN: Line protocol on Interface GigabitEthernet0/0, changed state to down

*Apr 12 12:13:08.738: %LINK-3-UPDOWN: Interface GigabitEthernet0/0, changed state to down

（7）在Switch接口上检查Gi0/0接口的状态。

Switch(config)#do show interfaces gigabitEthernet 0/0

GigabitEthernet0/0 is down, line protocol is down (err-disabled)

Hardware is iGbE, address is 5254.000a.c637 (bia 5254.000a.c637)

MTU 1500 bytes, BW 1000000 Kbit/sec, DLY 10 usec,

reliability 255/255, txload 1/255, rxload 1/255

EncapsulationARPA, loopback not set

Keepalive set (10 sec)

Auto Duplex, Auto Speed, link type is auto, media type is RJ45

output flow-control is unsupported, input flow-control is unsupported

ARPtype:ARPA,ARPTimeout 04:00:00

Last input 00:01:57, output 00:01:58, output hang never

Last clearing of "show interface" counters never

Input queue: 0/75/0/0 (size/max/drops/flushes); Total output drops: 0

Queueing strategy: fifo

Output queue: 0/0 (size/max)

5 minute input rate 0 bits/sec, 0 packets/sec

5 minute output rate 0 bits/sec, 0 packets/sec

317 packets input, 97006 bytes, 0 no buffer

Received 316 broadcasts (316 multicasts)

0 runts, 0 giants, 0 throttles

0 input errors, 0 CRC, 0 frame, 0 overrun, 0 ignored

```
0 watchdog, 316 multicast, 0 pause input
327 packets output, 28043 bytes, 0 underruns
0 output errors, 0 collisions, 3 interface resets
0 unknown protocol drops
0 babbles, 0 late collision, 0 deferred
1 lost carrier, 0 no carrier, 0 pause output
0 output buffer failures, 0 output buffers swapped out
```

（8）由于默认的"shutdown"违规处理方式会导致接口一旦出现违规，合法客户端将无法正常使用网络，因此修改端口安全的违规方式为"restrict"，该模式丢弃源MAC地址不存在的报文并上报告警。

```
Switch(config)#interface gigabitEthernet 0/0
Switch(config-if)#switchport port-security violation restrict
Switch(config-if)#shutdown
Switch(config-if)#no shutdown
```

（9）修改成功过后，在desktop-1上进行连通性测试，如图16-5所示。测试客户端正常通信。

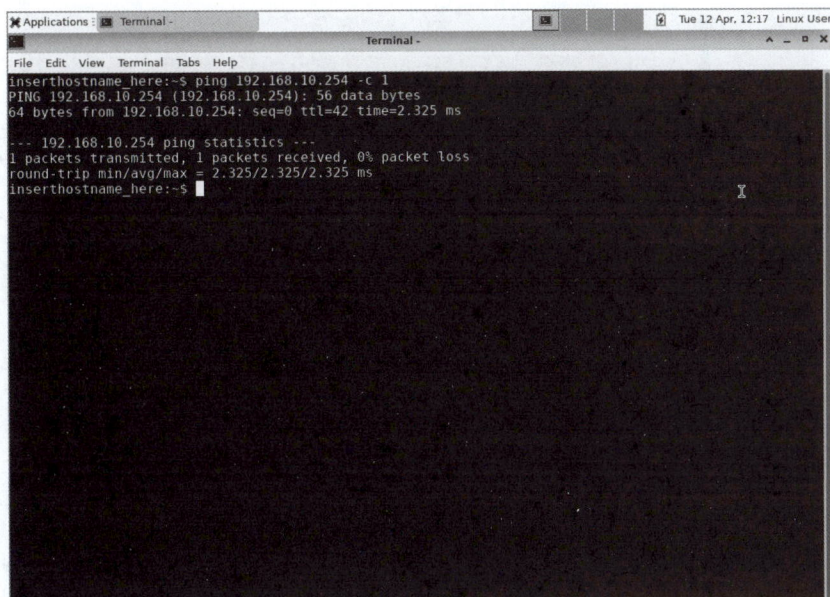

图16-5　在desk-top-1上进行连通性测试

（10）在desktop-2上进行连通性测试，如图16-6所示。测试客户端正常通信。

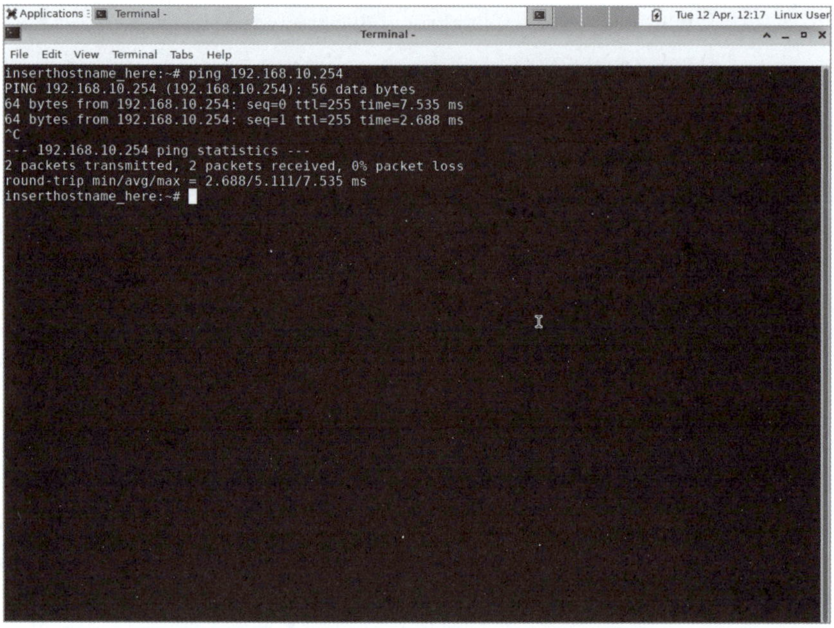

图16-6　在desktop-2上进行连通性测试

（11）在desktop-3上进行连通性测试，如图16-7所示。测试客户端被限制正常通信。

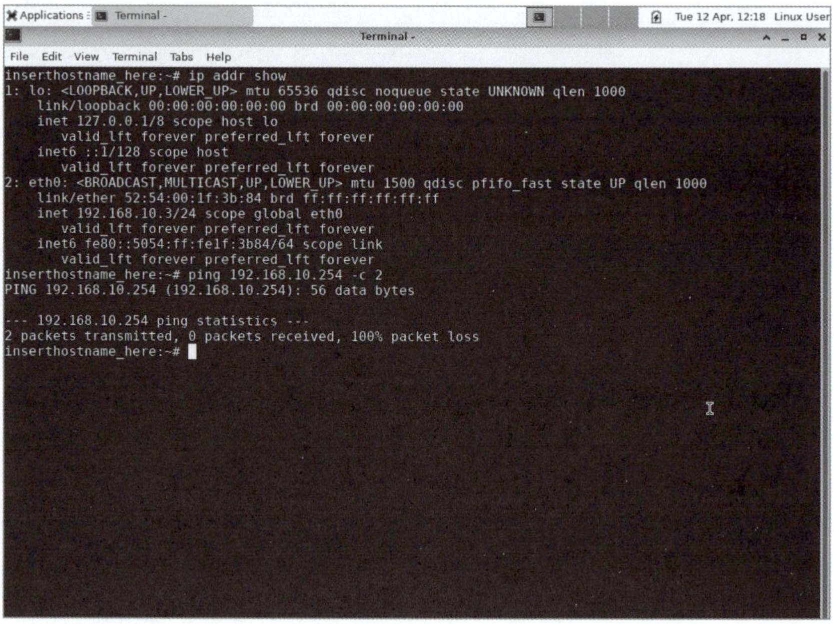

图16-7　在desktop-3上进行连通性测试（1）

（12）此时，返回Switch的CONSOLE页面查看提示日志，违规访问的信息正被记录。

> *Apr 12 12:16:24.411: %PORT_SECURITY-2-PSECURE_VIOLATION: Security violation occurred, caused byMACaddress 5254.001f.3b84 on port GigabitEthernet0/0.

（13）再次修改违规处理方式为"protect"，该模式只丢弃源MAC地址不存在的报文，不上报告警。

> Switch(config-if)#switchport port-security violation protect

（14）测试在desktop-3上进行测试，如图16-8所示。在Switch上并不会提示任何警告信息。

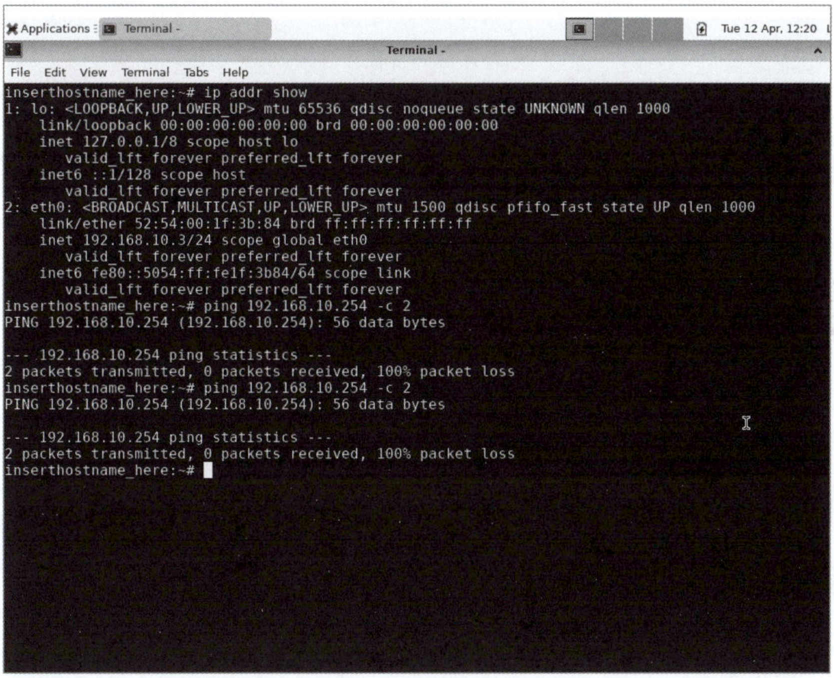

图16-8　在desktop-3上进行连通性测试（2）

16.6　任务评价

根据任务完成情况，进行学习任务综合评价，见表16-2。

表16-2　学习任务综合评价表

考核项目	评价内容	成绩（分）	评价分数		
			自我评价	小组评价	教师评价
职业素养	安全和责任意识强，遵守健康及安全标准	10			
	团队合作意识强，能与同学分享知识及专业技能	10			
	现场管理符合 8S 标准，做好定期整理工作	10			
专业能力	是否理解端口安全的违规处理方法	10			
	是否理解端口安全的自动恢复机制	10			
	是否理解端口安全 MAC 地址的管理方式	10			
	是否理解端口安全的配置场景	10			
工作成果	完成端口安全 MAC 地址的管理方式	10			
	完成端口安全违规处理的方式	10			
	完成端口安全的配置和管理	10			
总分		100			
综合评价	综合评价 = 自我评价 ×20%+ 小组评价 ×30%+ 教师评价 ×50%	教师签名			

思考练习

根据本章所学知识，配置iosv-1路由器。

17

链路聚合管理

17.1　任务引言

　　局域网具有数据通信量大的特点，在组建公司网时，拓展部门带宽是需要着重考虑的因素。拓展部门间的通信带宽有多种方式，如更换通信介质、更改通信方式等，其中链路聚合技术是性价比最高的一种方式。

17.2　任务目标

　　（1）能够理解负载均衡的作用和意义。
　　（2）能够理解链路聚合的工作原理。
　　（3）能够掌握链路聚合的配置和管理。

17.3　任务情景

本实验将使用两台交换机设备通过两根网络进行连接，在设备上配置链路聚合，将两根网线捆绑成一条逻辑链路，案例演示采用思科私有协议PAGP协商建立。拓扑见图17-1。

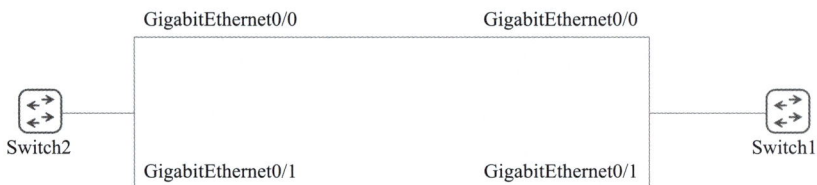

图17-1　第二层链路聚合部署管理

17.4　理论知识

EtherChannel（以太通道）是由思科研发的，应用于交换机之间的多链路捆绑技术。工作原理是：将两个或更多的数据信道结合成一个单个的信道，该信道以一个单个的更高带宽的逻辑链路出现。交换机链路聚合将多个物理端口捆绑在一起，成为一个逻辑端口，当其中一个成员端口的链路发生故障时，就停止在此端口发送报文，并根据负荷分担策略在剩下链路中重新计算报文发送的端口，故障端口恢复后再发送数据。

在EtherChannel中，负载在各个链路上的分布可以根据源IP地址、目的IP地址、源MAC地址、目的MAC地址、源IP地址和目的IP地址组合，以及源MAC地址和目的MAC地址组合等形式来进行分布。两台交换机之间形成的EtherChannel，除了可以强制开启外，也可以通过协议自动协商形成。目前有两个协商协议：PAgP和LACP。PAgP（Port Aggregation Protocol，端口汇聚协议）是思科私有的协议，而LACP（Link Aggregation Control Protocol，链路汇聚控制协议）是基于IEEE 802.3ad的国际标准。在自动协商的过程中，存在以下五种模式。

（1）Auto模式：这种模式会使端口进入被动协商模式。在这种模式下，接口会对PAgP数据包做出响应，但端口并不会主动发起协商。

（2）Desirable模式：这种模式会使端口进入主动协商状态。在这种模式下，接口会发送PAgP数据包来主动与其他接口进行协商。

（3）On模式：这种模式强制端口不使用任何链路汇聚协议协商，开启链路聚合功能。

（4）Passive模式：这种模式会使端口进入被动协商状态。在这种模式下，接口会对LACP数据包做出响应，但端口并不会主动发起协商。

（5）Active模式：这种模式会使端口进入主动协商状态。在这种模式下，接口会通过发送LACP数据包来主动与其他接口协商。

17.5　任务实施

（1）在Switch1和Switch2上将需要进行链路汇聚配置的接口恢复默认值，因为需要保持两个接口的配置一致。因此，在配置时可以选择"range"指令，同时配置多个接口。

```
Switch1(config)#default interface range gigabitEthernet 0/0-1
Switch2(config)#default interface range gigabitEthernet 0/0-1
```

（2）在Switch1上配置EtherChannel，模式设置为"pagp"，并作为主动发起方。此处的Trunk配置并非必要，处于Access模式的接口也可以部署EtherChannel。

```
Switch1(config)#interface range gigabitEthernet 0/0-1
Switch1(config-if-range)#switchport trunk encapsulation dot1q
Switch1(config-if-range)#switchport mode trunk
Switch1(config-if-range)#channel-protocol pagp
Switch1(config-if-range)#channel-group 1 mode desirable
Switch1(config-if-range)#end
```

（3）在Switch2上配置EtherChannel，模式设置为"pagp"，并作为被动接收方。

```
Switch2(config)#interface range gigabitEthernet 0/0-1
Switch1(config-if-range)#switchport trunk encapsulation dot1q
Switch1(config-if-range)#switchport mode trunk
Switch2(config-if-range)#channel-protocol pagp
Switch2(config-if-range)#channel-group 1 mode auto
Switch2(config-if-range)#end
```

（4）在Switch1上检查EtherChannel的状态。"S"表示为第2层，"U"表示为当前接口正常使用。"Po1"接口当前的状态为"SU"，即工作在第2层，并且当前的工作状态是正常的。

```
Switch1#show etherchannel summary
Flags:  D - down         P - bundled in port-channel
        I - stand-alone  s - suspended
        H - Hot-standby (LACP only)
        R - Layer3       S - Layer2
        U - in use       N - not in use, no aggregation
        f - failed to allocate aggregator
        M - not in use, minimum links not met
        m - not in use, port not aggregated due to minimum links not met
        u - unsuitable for bundling
        w - waiting to be aggregated
        d - default port
        A - formed by Auto LAG


Number of channel-groups in use: 1
Number of aggregators:           1

Group  Port-channel  Protocol    Ports
------+-------------+-----------+-----------------------------------------------
1      Po1(SU)       PAgP     Gi0/0(P)  Gi0/1(P)
```

（5）可以使用"show etherchannel detail"指令检查详细的EtherChannel状态。

```
Switch1#show etherchannel detail
          Channel-group listing:

          ----------------------

Group: 1

----------

Group state = L2

Ports: 2   Maxports = 4

Port-channels: 1 Max Port-channels = 1

Protocol:  PAgP

Minimum Links: 0

          Ports in the group:

          --------------------

Port: Gi0/0

------------

Port state    = Up Mstr In-Bndl

Channel group = 1        Mode = Desirable-Sl   Gcchange = 0

Port-channel = Po1      GC  = 0x00010001     Pseudo port-channel = Po1

Port index  = 0        Load = 0x00        Protocol =  PAgP


Flags:  S - Device is sending Slow hello.  C - Device is in Consistent state.

       A - Device is in Auto mode.        P - Device learns on physical port.

       d - PAgP is down.

Timers: H - Hello timer is running.      Q - Quit timer is running.

       S - Switching timer is running.   I - Interface timer is running.

Local information:

                     Hello   Partner PAgP   Learning Group

Port     Flags State Timers Interval Count  Priority  Method Ifindex

Gi0/0   SC   U6/S7  H    30s     1       128       Any    6

Partner's information:

        Partner         Partner      Partner     Partner Group

Port   Name         Device ID     Port     Age Flags  Cap.

Gi0/0   Switch2      5000.0002.0000 Gi0/0    21s SAC    10001

Age of the port in the current state: 0d:00h:01m:17s

Port: Gi0/1

-----------
```

Port state   = Up Mstr In-Bndl

Channel group = 1   Mode = Desirable-Sl   Gcchange = 0

Port-channel = Po1   GC = 0x00010001   Pseudo port-channel = Po1

Port index   = 0   Load = 0x00   Protocol = PAgP

Flags: S - Device is sending Slow hello. C - Device is in Consistent state.

    A - Device is in Auto mode.   P - Device learns on physical port.

    d - PAgP is down.

Timers: H - Hello timer is running.   Q - Quit timer is running.

    S - Switching timer is running.   I - Interface timer is running.

Local information:

Port	Flags	State	Hello Timers	PAgP Interval	Partner Count	Priority	Learning Method	Group Ifindex
Gi0/1	SC	U6/S7	H	30s	1	128	Any	6

Partner's information:

Port	Partner Name	Partner Device ID	Partner Port	Age	Flags	Group Cap.
Gi0/1	Switch2	5000.0002.0000	Gi0/1	20s	SAC	10001

Age of the port in the current state: 0d:00h:01m:17s

    Port-channels in the group:

Port-channel: Po1

Age of the Port-channel = 0d:00h:02m:01s

Logical slot/port = 16/0   Number of ports = 2

GC   = 0x00010001   HotStandBy port = null

Port state   = Port-channel Ag-Inuse

Protocol   = PAgP

Port security   = Disabled

Ports in the Port-channel:

Index	Load	Port	EC state	No of bits
0	00	Gi0/0	Desirable-Sl	0
0	00	Gi0/1	Desirable-Sl	0

Time since last port bundled: 0d:00h:01m:17s   Gi0/0

（6）链路聚合除了能够为当前链路提供冗余备份功能外，同时还是数据包的负载均衡。要检查当前的负载均衡模式，可以通过"show etherchannel load-balance"指令检查，当前设备的负载均衡模式为"src-dst-ip"，即采用基于源目IP地址的方式负载均衡。

Switch1#show etherchannel load-balance
EtherChannel Load-Balancing Configuration:
　　src-dst-ip
EtherChannel Load-Balancing Addresses Used Per-Protocol:
Non-IP: Source XOR DestinationMACaddress
　IPv4: Source XOR DestinationIPaddress
　IPv6: Source XOR DestinationIPaddress

（7）如果需要更改负载均衡的方式，可以在全局配置模式下配置，在配置时，两台设备需要同时配置。当前在Switch1和Switch2上修改负载均衡的模式为基于目标IP地址的方式。

Switch1(config)#port-channel load-balance dst-ip
Switch2(config)#port-channel load-balance dst-ip

（8）在Switch2上检查配置是否生效。

Switch2#show etherchannel load-balance
EtherChannel Load-Balancing Configuration:
　　dst-ip
EtherChannel Load-Balancing Addresses Used Per-Protocol:
Non-IP: DestinationMACaddress
　IPv4: DestinationIPaddress
　IPv6: DestinationIPaddress

17.6　任务评价

根据任务完成情况，进行学习任务综合评价，见表17-1。

表17-1　学习任务综合评价表

考核项目	评价内容	成绩（分）	评价分数		
			自我评价	小组评价	教师评价
职业素养	安全和责任意识强，遵守健康及安全标准	10			
	团队合作意识强，能与同学分享知识及专业技能	10			
	现场管理符合 8S 标准，做好定期整理工作	10			
专业能力	是否理解端口聚合的工作方式	10			
	是否理解 LACP 的工作方式	10			
	是否理解 PAgP 的工作方式	10			
	是否理解链路聚合的负载均衡平衡类型	10			
工作成果	完成链路聚合 LACP 的配置和管理	10			
	完成链路聚合 PAgP 的配置和管理	10			
	完成链路聚合负载均衡平衡的配置和管理	10			
总分		100			
综合评价	综合评价 = 自我评价 ×20%+ 小组评价 ×30%+ 教师评价 ×50%	教师签名			

思考练习

根据本章所学知识，在"基于L2部署链路聚合增加网络通信带宽"的基础上实现三层链路聚合，拓扑如图17-1所示。

SNMP管理

18.1　任务引言

　　流量和性能监控旨在通过网络协议得到网络设备的流量信息，并将流量负载以图形或表格方式显示给用户，以非常直观的形式显示网络设备负载。在网络高速发展的今天，网络监控还可以以网络应用层协议方式进行更精细化的监控，并通过网络监控对网络设备运行情况等信息进行分析。对网络核心设备，如防火墙、三层交换机、服务器等进行流量监控，一般都要将这些设备的SNMP（简单网络管理协议）功能打开，同时在网络内部署流量监控服务器，安装监控软件进行监控。在协议开启后可以基于CACTI（网管平台）进行监控设置，完成对网络设备流量的实时监控。

18.2　任务目标

　　（1）能够理解流量和性能监控的作用和意义。

（2）能够理解SNMP的工作方式。

（3）能够掌握CACTI的配置和管理。

（4）能够掌握网络设备SNMP服务的配置和管理。

18.3   任务情景

本实验将使用一台路由器、一台Linux服务器和一台Windows客户端进行测试。通过在路由器上启用SNMP监控管理和在Linux上安装CACTI监控平台，实现对路由器进行实时监控。Windows客户端作为管理主机，使用浏览器进行远程配置与管理CACTI。拓扑如图18-1所示。

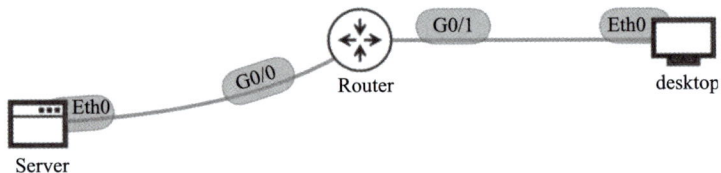

图18-1   网络设备流量监控

18.4   理论知识

18.4.1   SNMP基础

SNMP是Simple Network Manger Protocol（简单网络管理协议）的缩写，利用SNMP协议，网络管理员可以对网络上的节点进行信息查询、网络配置、故障定位、容量规划，网络监控和管理是SNMP的基本功能。

SNMP是一个应用层协议，为客户机／服务器模式，包括三个部分：①SNMP网络管理器：一般即为主机上的网管软件，如CACTI、Soldwind等。工作在UDP162端口。②SNMP代理：网络设备上运行的SNMP程序，负责处理请求及回应。工作在UDP161端口。③MIB管理信息库：预先定义好的树形结构库，单个节点代表一个信息。

MIB是Management Information Base（管理信息库）的缩写，它是网络管理数据的标准，同时也是一个数据库，代表了某个设备或服务的一套可管理对象。由SNMP管理的每台主机必须有一个MIB，它描述了该主机上的可管理对象。所有的MIB必须用精确的组织结构定义。SNMP管理器在与其他代理连接时，使用MIB中的信息，识别该代理上的信息是如何组织的。

　　MIB将每个变量定义为对象ID（OID），将厂商（组织）定义到OID的层次结构中，在这样类似树状结构的MIB库中，部分分支具有许多联网设备共有的变量，而一些独特的分支具有该设备特定的变量，如图18-2所示。

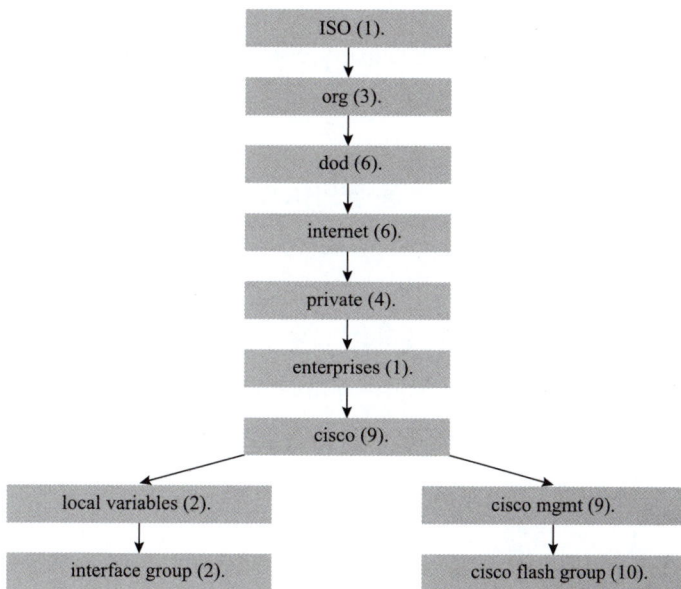

图18-2　MIB Tree

　　在ASA软件版本8.1之前，SNMP仅支持版本v1和v2。ASA软件8.2及更高版本也支持SNMPv3，这是目前最安全的SNMP协议版本。

　　SNMP的发展历史如下：

　　1989年：SNMPv1。

　　1991年：RMON（Remote Network Monitoring，远程网络监视），它扩充了SNMP的功能，包括对LAN的管理及对依附于这些网络的设备的管理。RMON没有修改和增加SNMPv1，只是增加了SNMP监视子网的能力。

　　1993年：SNMPv2（SNMPv1的升级版）。

　　1995年：SNMPv2正式版，其中规定了如何在基于OSI的网络中使用SNMP。RMON扩展为RMON2。

1998年：SNMPv3，一系列文档定义了SNMP的安全性，并定义了将来改进的总体结构，SNMPv3可以和SNMPv2、SNMPv1一起使用。

18.4.2　CACTI基础

CACTI是用PHP语言实现的一个软件，它的主要功能是用SNMP服务获取数据，然后用rrdtool储存和更新数据，当用户需要查看数据的时候用rrdtool生成图表呈现给用户。SNMP关系着数据的收集，rrdtool关系着数据存储和图表的生成。因此，SNMP和rrdtool是CACTI的关键。

MYSQL配合PHP程序存储一些变量数据并调用变量数据，如主机名、主机IP、SNMP团体名、端口号、模板信息等变量。

SNMP获取的数据不是存储在MYSQL中，而是存在rrdtool生成的"rrd"文件中（在CACTI根目录的"rra"文件夹下）。rrdtool对数据的更新和存储就是对"rrd"文件的处理，"rrd"文件是大小固定的档案文件，它能够存储的数据笔数在创建时就已经定义。

18.5　任务实施

（1）根据拓扑要求，对路由器进行简单的初始化网络连接。

```
Router(config-if)#interface gigabitEthernet 0/0
Router(config-if)#ip address 192.168.10.254 255.255.255.0
Router(config-if)#no shutdown
Router(config-if)#end
```

（2）在路由器上配置SNMP，使用v2版本，设置团体名称为"snmp_ro_pwd"，SNMP的管理权限为只读模式，修改位置信息为"GuangZhou, Core"，联系信息描述为"admin@example.com"，指定远程SNMP服务器地址为192.168.10.100。

```
Router(config)#snmp-server community snmp_ro_pwd RO
Router(config)#snmp-server location GuangZhou,Core
Router(config)#snmp-server contact admin@example.com
Router(config)#snmp-server host 192.168.10.100 version 2c snmp_ro_pwd
```

（3）在Linux服务器上配置CACTI，如果使用的Linux发行版本为debian或者ubuntu，可以使用"apt install cacti"指令进行安装，本书使用的Linux发行版本为debian，如图18-3所示。

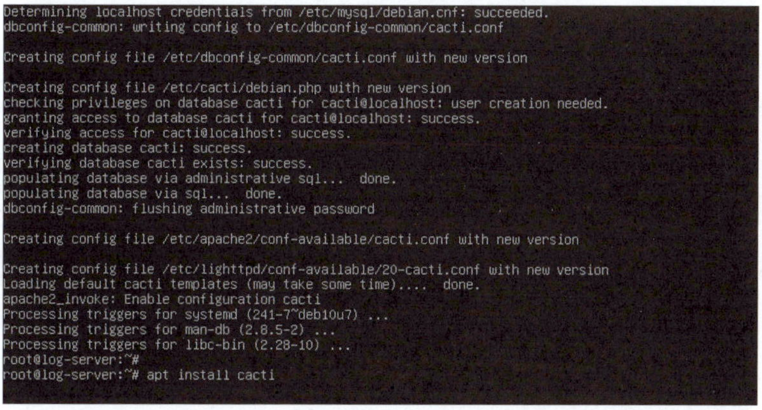

图18-3　安装CACTI

（4）安装过程中会提示选择"apache2"还是"lighttpd"，本案例使用"apache2"作为后端服务器，如图18-4所示。

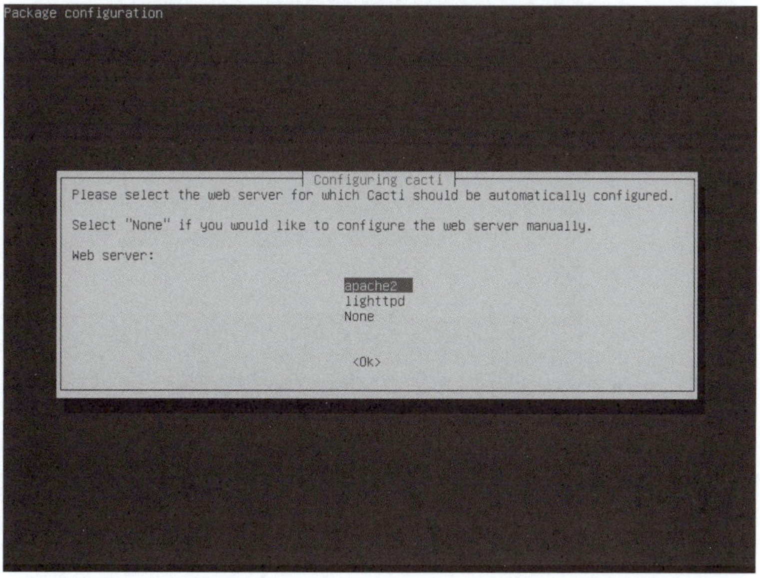

图18-4　选择后端
服务器

（5）部署过程中还会提示是否自动配置数据库，使用键盘移动光标到"Yes"，按下回车键，继续下一步操作，如图18-5所示。

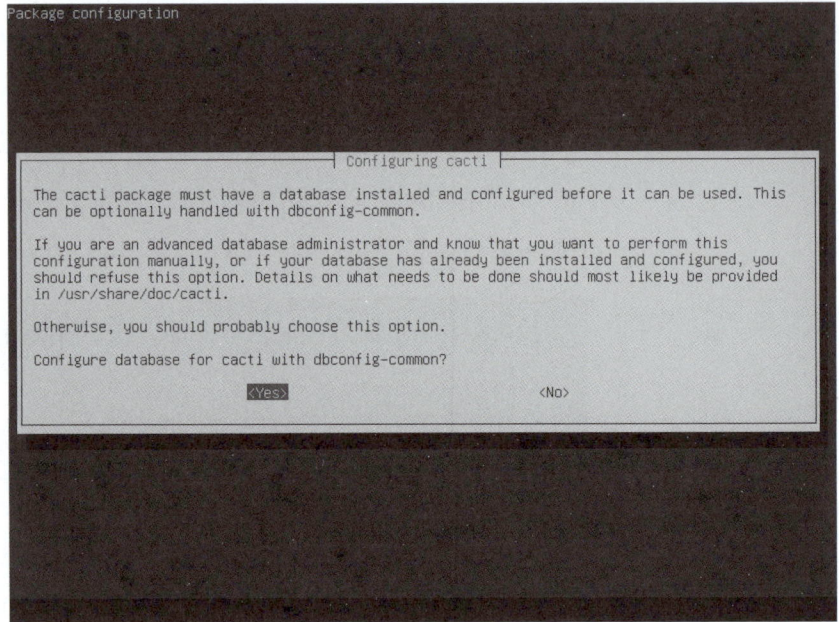

图18-5　配置数据库

（6）设置MYSQL数据库的密码，该密码为CACTI管理员"admin"的登录密码，如图18-6所示。

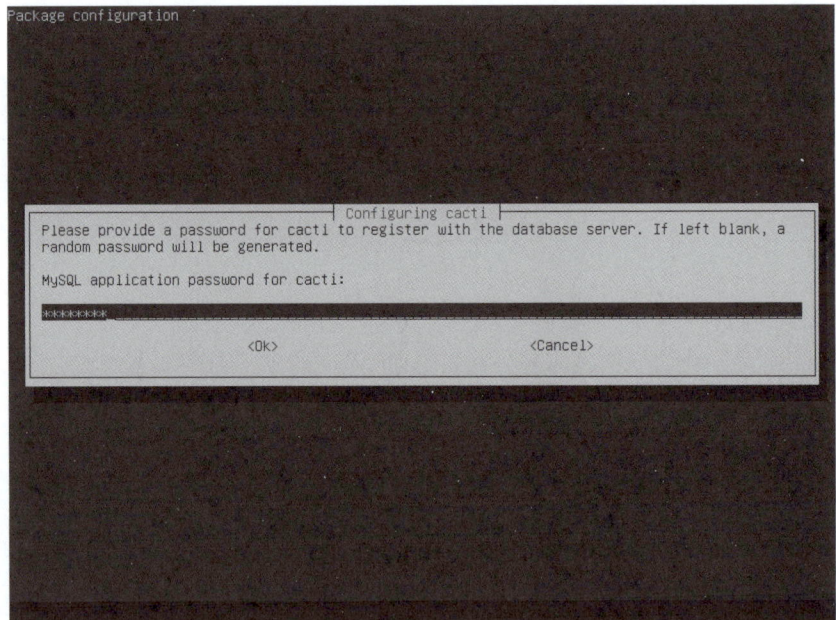

图18-6　设置CACTI
管理员密码

（7）再次确认管理员密码，如图18-7所示。

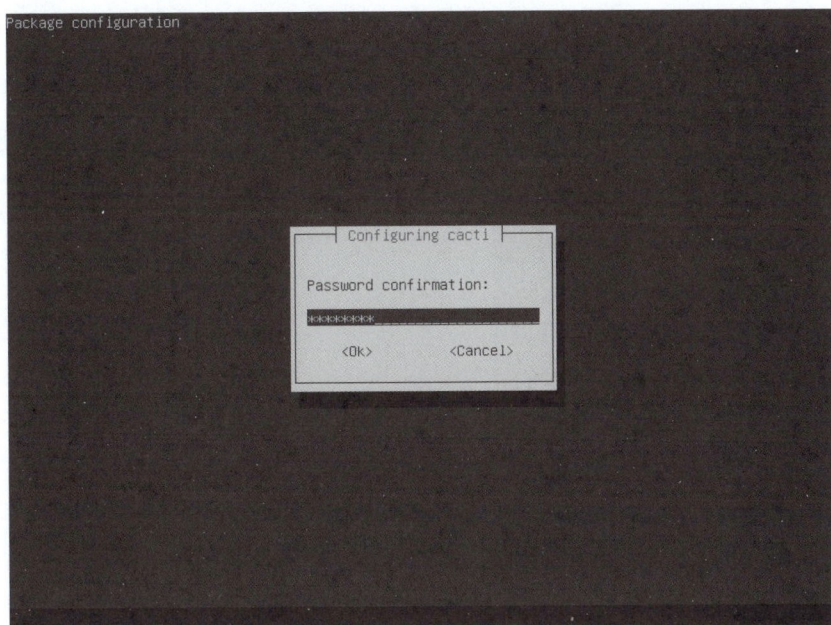

图18-7　确认密码

（8）CACTI安装成功后，在Windows客户端上配置CACTI，使用浏览器访问"http://192.168.10.100/cacti/"，访问成功后在登录页面输入用户名和密码，分别为"admin""Skills39"，单击"Login"登录，如图18-8所示。

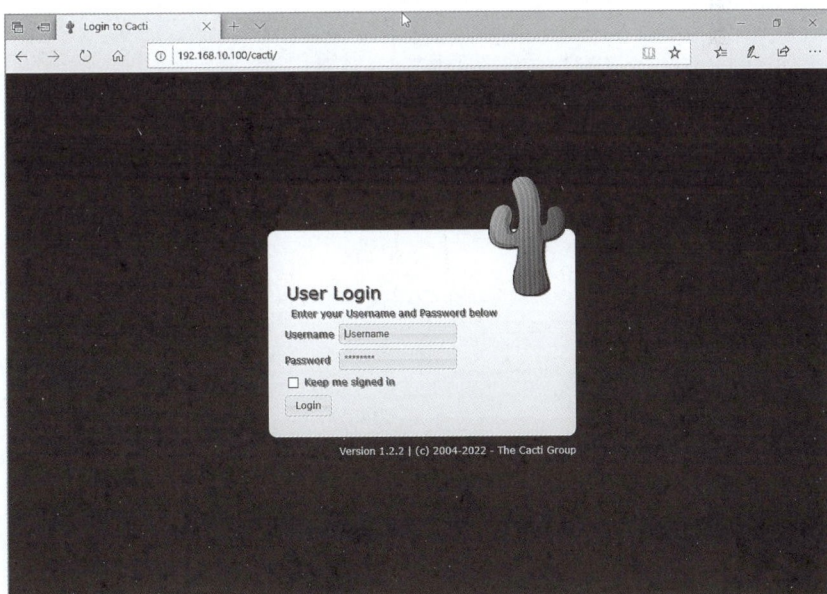

图18-8　CACTI
登录页面

（9）登录成功后，在页面找到"Create devices"选项点击，创建监控设备，如图18-9所示。

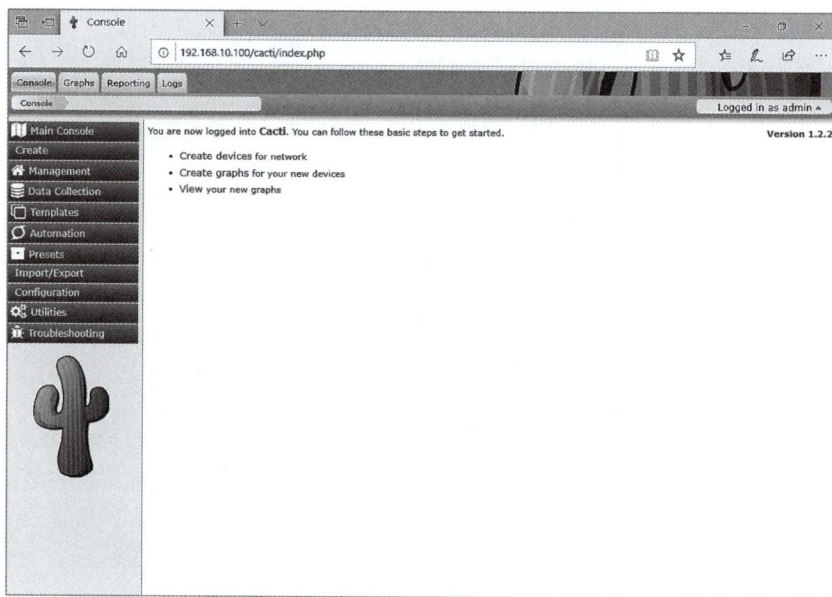

图18-9　开始创建设备

（10）进入创建设备页面，在右上角找到"+"符号，单击"添加"，如图18-10所示。

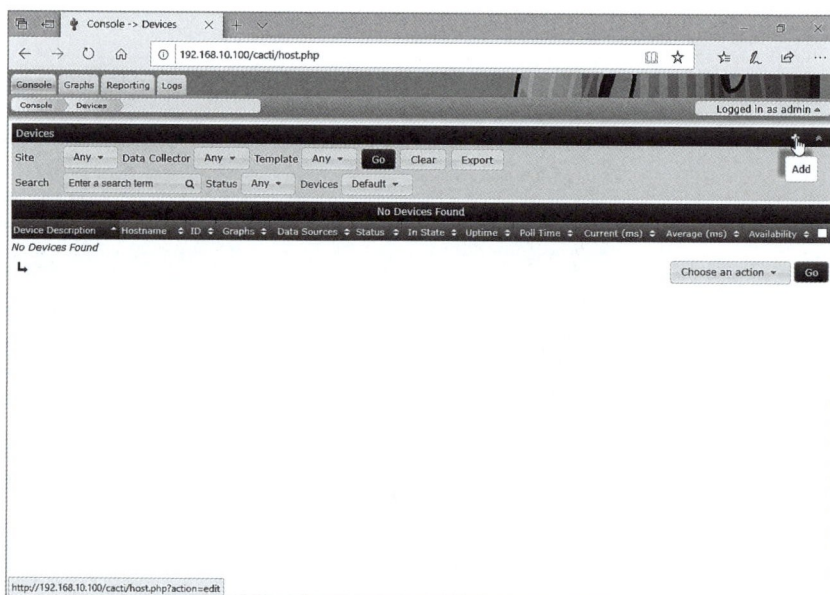

图18-10　添加设备

（11）在添加设备页面找到"Description"，输入设备的描述信息，在"Hostname"中输入网络设备的管理地址,在"Device Template"中选择"Cisco Router"模板,在"SNMP Version"中选择"Version 2",在"SNMP Community String"中输入团体密码"snmp_ro_pwd",其他保持默认选项即可,如图18-11所示。

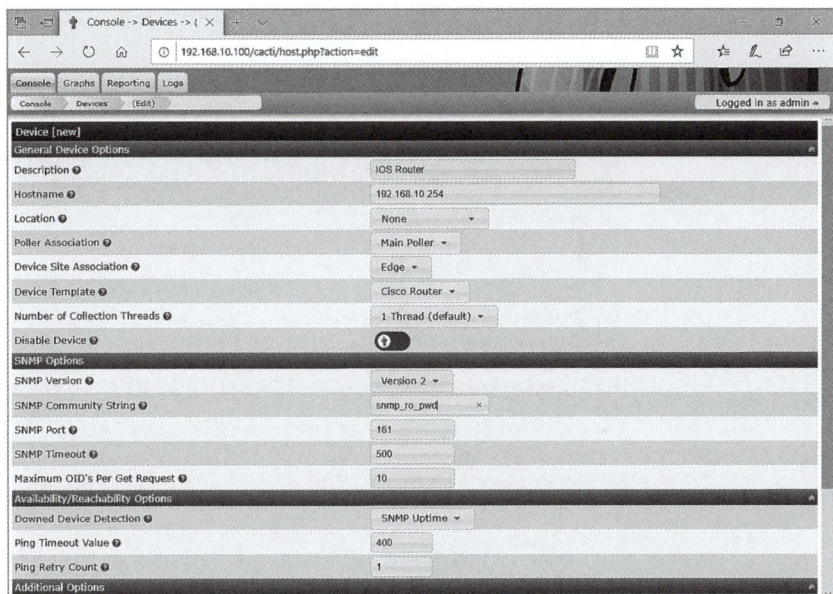

图18-11 配置设备 SNMP信息

(12)网络设备的配置信息设置完成后,找到"Create"选项,鼠标点击创建监控该设备,如图18-12所示。

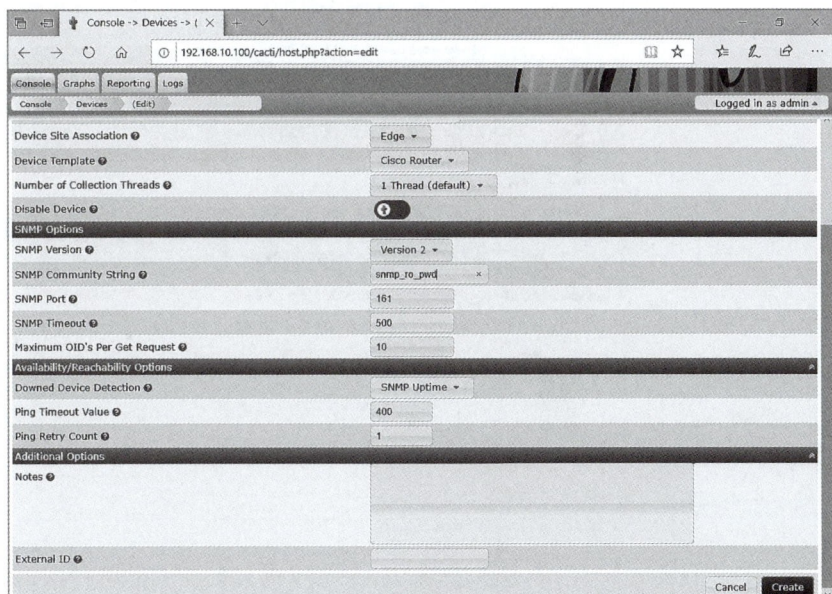

图18-12 完成设备创建

（13）如果SNMP连接正常，在页面中可以看到路由器的设备信息，如图18-13所示。

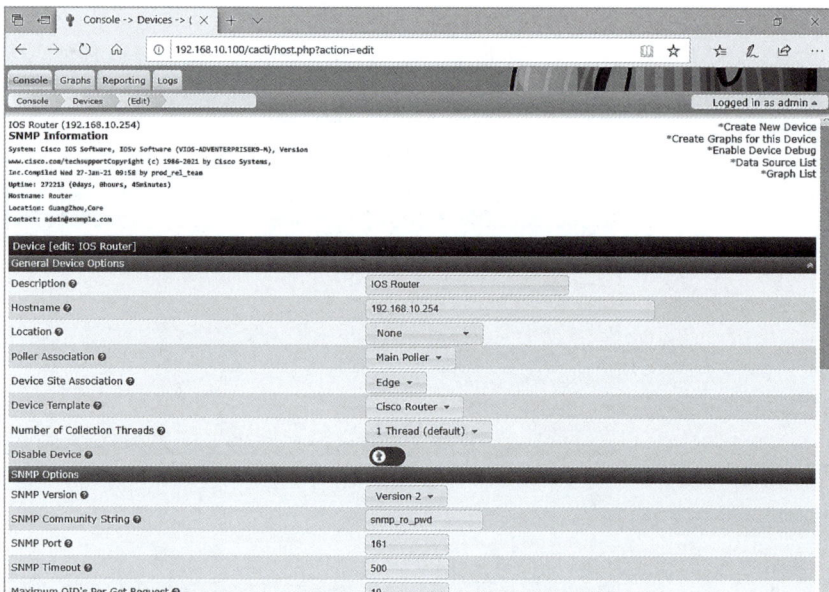

图18-13　CACTI成功连接到路由

（14）在页面找到 "Create Graphs for this Device" 选项创建图表，如图18-14所示。

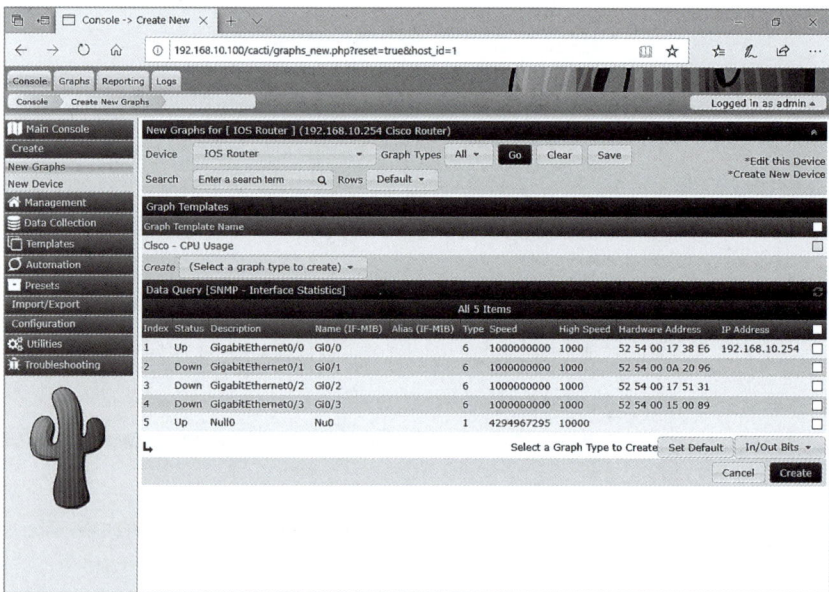

图18-14　为接口创建流量监控图

（15）在接口图标中选择需要创建图标的接口，本实验选择所有接口，单击"Create"创建图表，如图18-15所示。

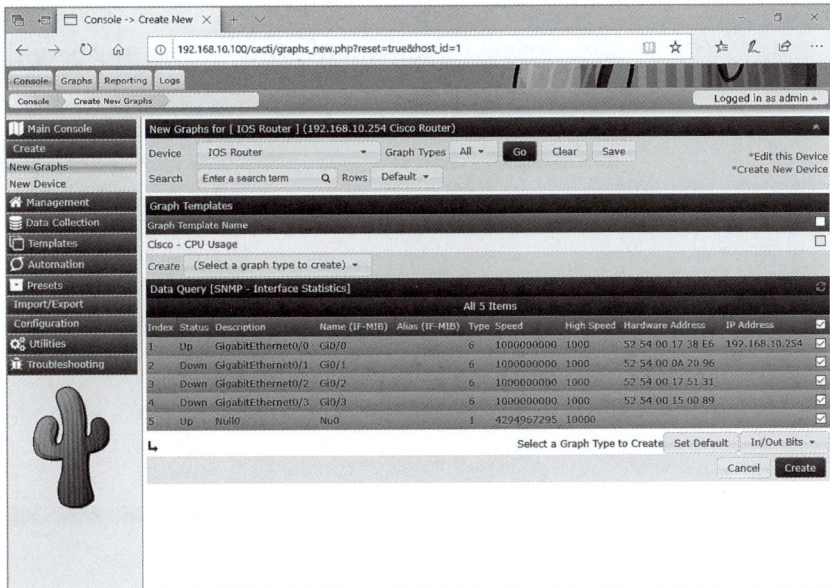

图 18-15　为接口
创建监控图表

（16）图表创建成功后，在左上角找到"Graphs"选项查看流量图表，刚创建好的图表流量尚未被记录到数据库中形成曲线图，会出现如图18-16所示的报错信息。

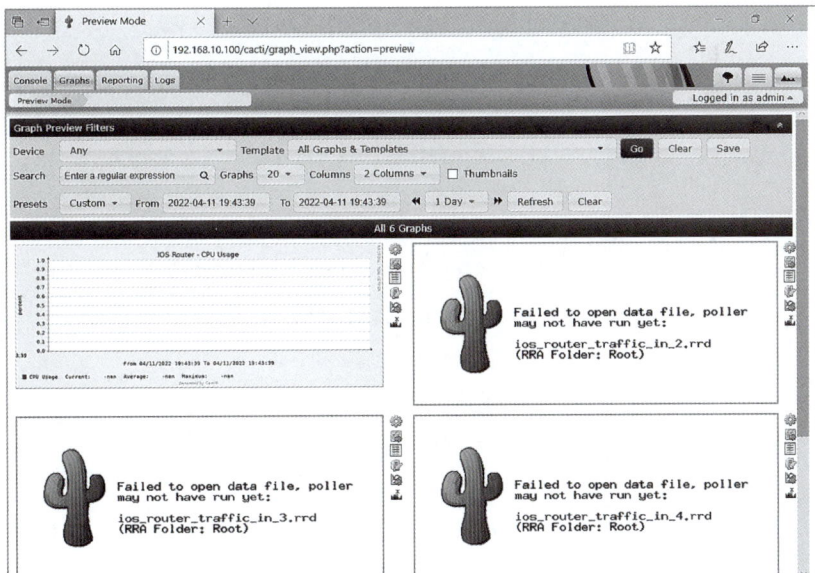

图 18-16　流量图表

（17）等待两分钟后，此时可以正常查看流量图表，如图18-17所示。

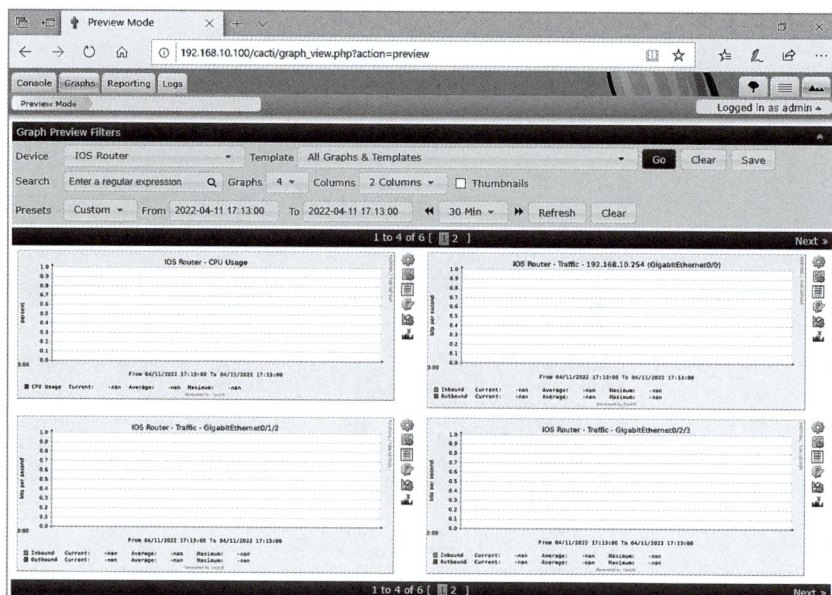

图18-17 流量图表正常监控

18.6 任务评价

根据任务完成情况，进行学习任务综合评价，见表18-1。

表18-1 学习任务综合评价表

考核项目	评价内容	成绩（分）	评价分数		
			自我评价	小组评价	教师评价
职业素养	安全和责任意识强，遵守健康及安全标准	10			
	团队合作意识强，能与同学分享知识及专业技能	10			
	现场管理符合 8S 标准，做好定期整理工作	10			
专业能力	理解 SNMP 的版本区别	10			
	掌握 CACTI 的部署和管理	10			
	理解流量监控的作用和意义	10			
	理解 SNMP 的工作方式	10			
工作成果	完成 SNMP 的配置和管理	10			
	完成 CACTI 平台的搭建和管理	10			
	完成 CACTI 通过部署 SNMP 对网络设备进行监控	10			
总分		100			

续表

考核项目	评价内容	成绩（分）	评价分数		
			自我评价	小组评价	教师评价
综合评价	综合评价 = 自我评价 ×20%+ 小组评价 × 30%+ 教师评价 ×50%	教师签名			

18.7　扩展知识

SNMPv3采用用户安全模块（User-based Security Model，USM）和基于视图的访问控制模块（View-based Access Control Model，VACM），在安全性上得到了提升。其中，USM提供身份验证和数据加密服务，而实现这个功能要求NMS和Agent必须共享同一密钥。

（1）身份验证服务：身份验证是指Agent或NMS接到信息时，首先必须确认信息是否来自有权限的NMS或Agent，并且信息在传输过程中未被改变。RFC2104中定义了HMAC，是一种使用安全哈希函数和密钥来产生信息验证码的有效工具，在互联网中得到了广泛的应用。SNMP使用的HMAC可以分为两种：HMAC-MD5-96和HMAC-SHA-96。前者的哈希函数是MD5，使用128位authKey作为输入。后者的哈希函数是SHA-1，使用160位authKey作为输入。

（2）加密服务：加密算法实现主要通过对称密钥系统，它使用相同的密钥对数据进行加密和解密。加密的过程与身份验证类似，也需要管理站和代理共享同一密钥来实现信息的加密和解密。

SNMP使用以下三种加密算法：

（1）DES：使用56bit的密钥对一个64bit的明文块加密。

（2）3DES：使用三个56bit的DES密钥（共168bit密钥）对明文加密。

（3）AES：使用128bit、192bit或256bit密钥长度的AES算法对明文加密。

这三个加密算法的安全性由高到低依次是：AES、3DES、DES，安全性高的加密算法实现机制复杂，运算速度慢。为充分保证设备安全，建议选择安全性更高的AES算法。

VACM可以对用户组或者团体名实现基于视图的访问控制。用户必须首先配置一个视图，并指明权限，在配置用户、用户组或团体名的时候，加载这个视图，达到限制读写操作、Inform或Trap的目的。

思考练习

请根据本章所学知识，在原有的配置拓扑上，移除SNMPv2C的配置，并配置为SNMPv3。